离心式压缩机技术问答

(第二版)

王书敏　何可禹　编著

中国石化出版社

内容提要

本书以问答形式，介绍了离心式压缩机的结构特点、工作原理和操作维护知识；并结合生产运行和维修工作的实践经验，提出了排除设备隐患、稳定机组运行的技术性、管理性措施；同时对机组的检修内容、施工程序和方法以及检修质量的控制标准作了全面介绍。本书内容通俗易懂、实用性强，对搞好机组的安全运行、日常维护和科学检修等工作均具有指导意义。

本书可供从事设备管理、检修和生产维护等部门的工程技术人员和技术工人阅读。

图书在版编目(CIP)数据

离心式压缩机技术问答/王书敏，何可禹编著．—2版．—北京：中国石化出版社，2005(2022.3重印)
ISBN 978-7-80043-545-4

Ⅰ．离… Ⅱ．①王… ②何… Ⅲ．离心式压缩机-问答 Ⅳ．TH452-44

中国版本图书馆CIP数据核字(2004)第131091号

中国石化出版社出版发行

地址：北京市东城区安定门外大街58号
邮编：100011　电话：(010)57512500
发行部电话：(010)57512575
http://www.sinopec-press.com
E-mail：press@sinopec.com
北京艾普海德印刷有限公司印刷
全国各地新华书店经销

*

787×1092毫米 32开本 7印张 157千字
2022年3月第2版第13次印刷
定价：15.00元

序

设备是企业进行生产的物质技术基础。现代化的石油化工企业，生产连续性强、自动化水平高，且具有高温、高压、易燃、易爆、易腐蚀、易中毒的特点。设备一旦发生问题，会带来一系列严重的后果，往往会导致装置停产、环境污染、火灾爆炸、人身伤亡等重大事故的发生。因而石油化工厂的设备更体现了设备是企业进行生产、发展的重要物质基础。“基础不牢、地动山摇”。设备状况的好坏，直接影响着石油化工企业生产装置的安全、稳定、长周期运行，从而也影响着企业的经济效益。

为了确保石油化工厂设备经常处于良好的状况,就必须强化设备管理,广泛应用先进技术,不断提高检修质量,搞好设备的操作和维护,及时消除设备隐患,排除故障,提高设备的可靠度,从而确保生产装置的安全、稳定、长周期运行。

为了加强企业“三基”工作，适应广大石油化工设备管理、操作及维护检修人员了解设备，熟悉设备，懂得设备的结构、性能、作用及可能发生的故障和预防措施，以提高消除隐患，排除故障，搞好操作和日常维护能力的需要，中国石化出版社针对石油化工厂常见的各类设备，诸如，各类泵、压缩机、风机及驱动机、各类工业炉、塔、反应器、压力容器，各类储罐、换热设备，以及各类工业管线、阀门管件等等，组织长期工作在石油化工企业基层，有一定设备理论知识和实践经验的专家和专业技术人员，以设备技术问答的形式，编写了一系列“石油化工设备技术问答丛书”，供大家学习和阅读，希望对广大读者有所帮助。本书即为这套丛书之一。

中国石化设备管理协会副会长　胡安定

目　　录

第一章　离心式压缩机机组

1. 离心式压缩机主机的配置方式有哪几种?

离心式压缩机的主机包括原动机、压缩机以及起变速作用的齿轮箱，其配置方式有图 1－1 所示的 10 种类型。

2. 离心式压缩机常用的原动机有哪几种? 其优缺点是什么?

离心式压缩机常用的原动机有电动机、汽轮机及燃气轮机等 3 种。3 种原动机由于动力来源、结构设计以及维护检修工作等方面的不同，所以使用起来也各有所长，用户应根据输送介质的性质，解决动力源的难易程度等情况酌情选用。现将 3 种原动机优缺点介绍如下:

① 电动机　电动机是离心式压缩机常用的原动机之一，它具有结构简单、维修工作量少以及操作方便等优点。交流电动机有异步电动机和同步电动机之分，用异步电动机还有改善电网功率因数的功能。但是电动机的最高转速为 3000r/min,它不能直接满足压缩机高转速的要求。如果输送气体为易燃易爆气体，还必须增设防爆措施或选用防爆电动机。

② 汽轮机　汽轮机的转速较高，可直接满足压缩机高转速工作的要求。而且一般炼油厂均有较稳定的供汽系统，动力源充足稳定，在输送易燃易爆气体时，本身不需要防爆设施，这是汽轮机的优点；但是，汽轮机结构复杂，维修工作量和技术难度大，启动操作复杂，因此，要求操作和维修

人员，要具备较高的技术素质。

③ 燃气轮机　燃气轮机多用于油气田场所，利用油气田生产的可燃气体作为动力源，以带动压缩机或发电机。

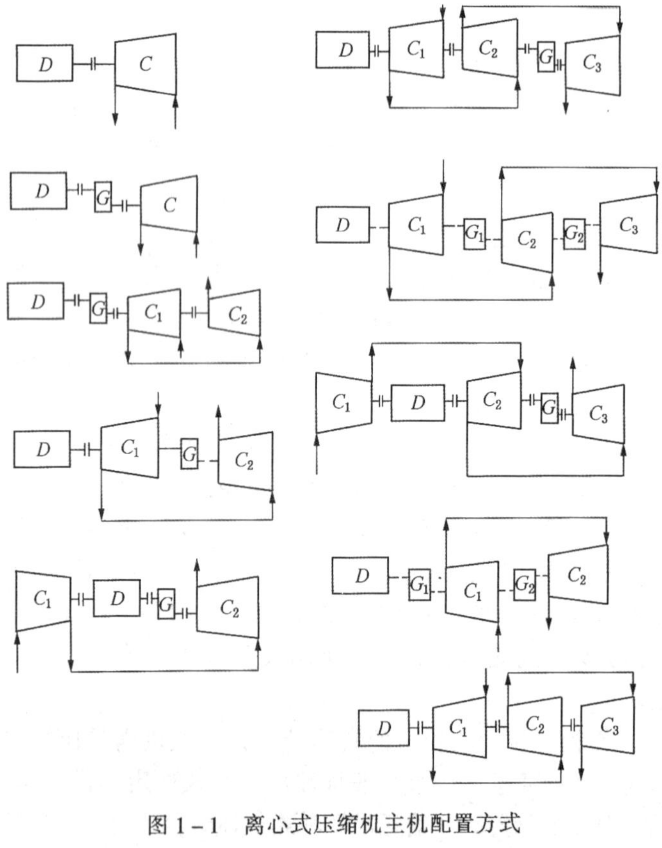

图 1－1　离心式压缩机主机配置方式

D—原动机；C、C_1、C_2、C_3—压缩机及其相应的缸；

G、G_1、G_2—齿轮箱及其相应的级

3. 离心式压缩机组的辅助设备包括哪些内容?

离心式压缩机组主机的平稳运行，是以辅助系统设备的正常运行为前提的，辅助系统设备包括如下几方面的内容:

① 润滑系统　润滑系统包括润滑油箱、润滑油泵、润滑油过滤器、冷却器和高位油罐等设备。

② 封油系统　封油系统有封油箱、封油泵、封油过滤器、冷却器以及封油高位油罐等设备。

③ 真空复水系统　该系统包括复水泵、复水器以及两级抽汽器等设备。

④ 电气仪表系统　该系统有电控柜、仪表箱、电动机等设备，以及调节控制元件。

4. 离心式压缩机与管网的联接方式有哪几种? 管网合理布局的原则是什么?

离心式压缩机与管网的联接有上进上出和下进下出等两种主要方式:

①上进上出式　即压缩机的进口和出口均在机体上方，如图 1-2 所示。管网在机体上方与之联接，形成密闭的气体介质的输送系统。

②下进下出式　即压缩机的进、出口均设在机体下方，如图 1-3 所示。管网在机体下方与之联接，以形成密闭的气体介质输送系统。

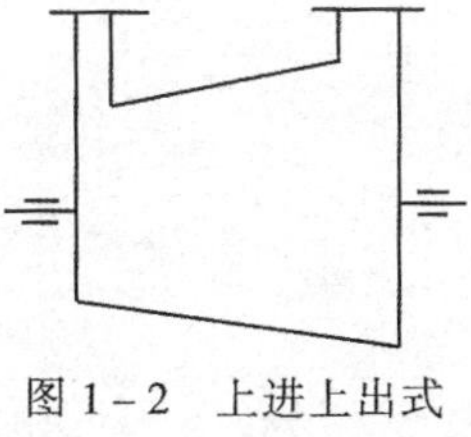

图 1-2　上进上出式

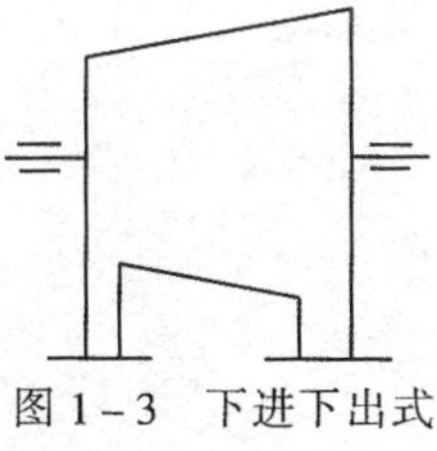

图 1-3　下进下出式

离心式压缩机与管网的联接，不论采取哪种方式，都应本着有利于检修、方便操作以及降低损耗和减少组装应力等原则。

5. 离心式压缩机为什么会得到广泛的应用?

离心式压缩机是一种回转式机械。介质气体在高速旋转叶轮的作用下，获得速度能和压力能，通过扩压器的作用，速度能进一步转化为压力能，以利于气体压力的增加；近代由于石油、化工、化肥以及钢铁工业的发展，离心式压缩机的应用越来越广泛，其原因有以下几点；

① 离心式压缩机结构紧凑，重量轻，体积小，占地面积小；

② 运行效率高，一般较往复式压缩机高 5% ~ 10%；

③ 流量大，这一点正符合大型企业生产发展的需要；

④ 摩擦件少，因此，较往复式压缩机运行平稳、噪音小、维修工作量小；

⑤ 气缸内无润滑，介质气体不会受到润滑油的污染；

⑥ 适于与汽轮机或燃气轮机直接联接，有利于能源的综合利用。

第二章　离心式压缩机的结构和工作原理

1. 离心式压缩机有几种类型？其结构特点是什么？

离心式压缩机按结构特点可分为水平剖分式、垂直剖分式、等温压缩式以及组合式等 4 种类型，其结构特点如下：

(1) 水平剖分离心式压缩机

水平剖分离心式压缩机由定子和转子两部分组成，如图 2－1 所示。定子被通过轴心线的水平面剖分为上下两部分，通常称它为上下机壳。上下机壳用联接螺栓联成一个整体，便于拆装检修。

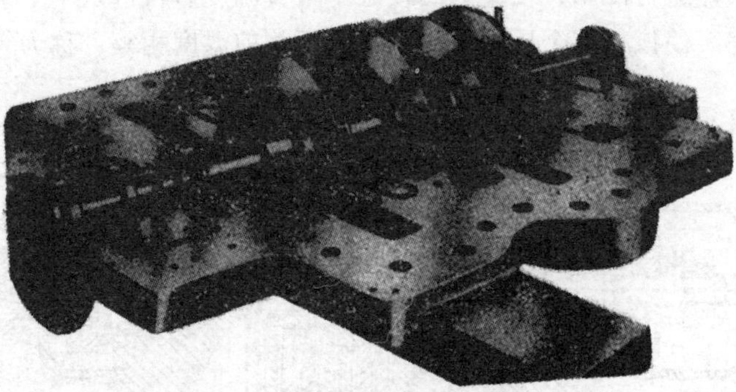

图 2－1　水平剖分离心式压缩机

上下机壳均为组合件，由缸体和隔板组成。隔板组装于缸体内，并构成气体流动需要的环形空间。缸体和隔板可用铸铁、铸钢和合金钢铸成。隔板还可由锻钢制成。

转子由主轴、叶轮、轴套以及平衡元件组成。主轴和轴套等元件多用合金钢锻制而成，叶轮多为焊接结构。该类型压缩机适用于低中压工艺，最高工作压力一般不大于5MPa。

(2) 垂直剖分离心式压缩机

垂直剖分离心式压缩机，其缸体为筒形，两端盖用联接螺栓与筒形缸体联成一个整体，如图2-2所示。隔板与转子组装后，用专用工具送入筒形缸体。隔板为垂直剖分，隔板与隔板由联接螺栓联成一个整体。检修时需打开端盖，将转子和隔板同时由筒形缸体拉出。以便进一步分解检修。

筒形缸体、端盖、隔板和主轴多用碳钢或合金钢锻制而成。叶轮为碳钢或合金钢组焊件。该类压缩机最高工作压力可达70MPa。

(3) 等温压缩机

对于多级压缩的离心式压缩机，如每一级压缩后对出口气体进行冷却，使其达到接近于入口温度后再进入下一级压缩。使该机整个压缩过程中各级压缩前温度相等，称为等温

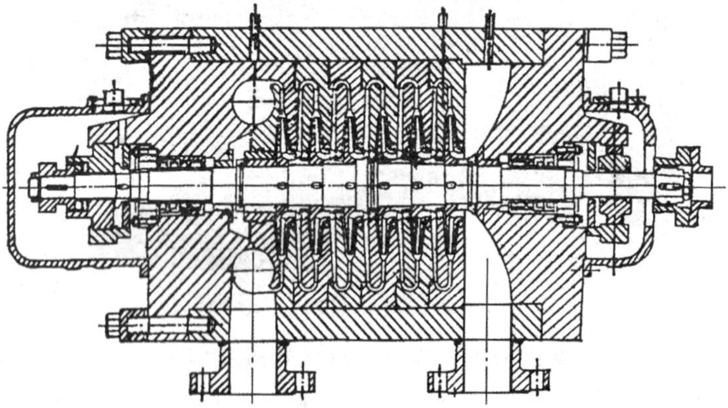

图2-2 垂直剖分离心式压缩机

压缩离心式压缩机。该类型机组运行效率较高。等温压缩离心式压缩机的结构形式较多。主要有以下几种：

① 通常称为 H 型。大齿轮转子带动两根不同齿数的小齿轮转子，每根转子两端均安装有叶轮，共有 4 级，用管线和各级间冷却器串联一起，完成从入口到出口空气或其它气体的压缩过程。从其剖分面俯视，其剖面形状与英文字母 H 相似，如图 2－3。

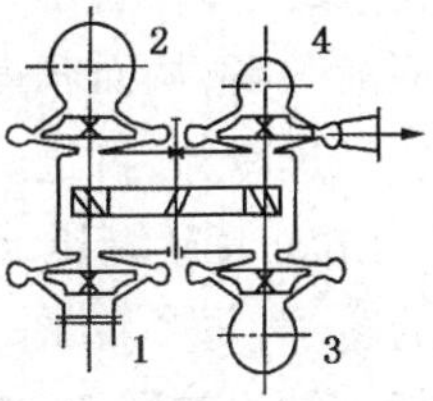

图 2－3 两轴等温压缩离心式压缩机

② 单轴串联式。多级叶轮串联在一根轴上。

冷却器对称地布置在压缩机机壳的两侧，如图 2－4 所示，并与机壳铸成一体。气体经每级压缩后经冷却进入下一级，因此，接近等温压缩，机组运行效率较高。

③ M 型多级压缩。有多个叶轮，由大齿轮带动多个不同

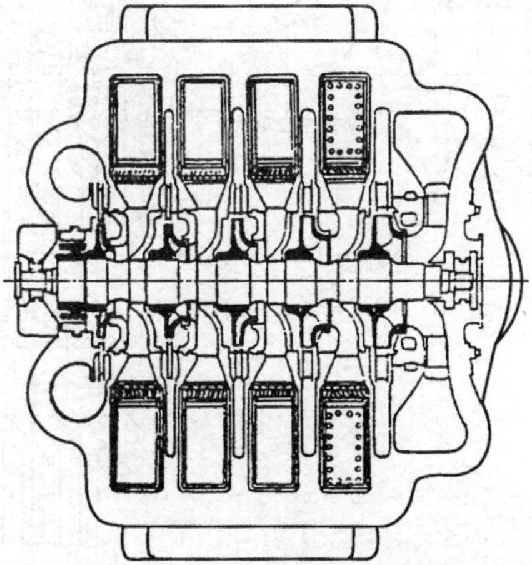
图 2－4 单轴等温压缩离心式压缩机

齿数的小齿轮,使每级叶轮都获得不同的转速,随着介质流向逐渐升高,从而获得相应的出口压力。当然每一级压缩后都要经过冷却,再进入下一级压缩。常见的如英格索兰(ingersoll-rand)CM 型压缩机,该机为三级压缩、大齿轮带 3 个独立的转子,每个转子一个叶轮,使每级叶轮均能在最佳状况下运行。结构如图 2-5 所示。将级间冷却器与流体设计成一体,从而具有结构紧凑,冷却效率高的特点。管线阻力也较小。

④ 组合式压缩。近年压缩机市场出现了许多不同压缩

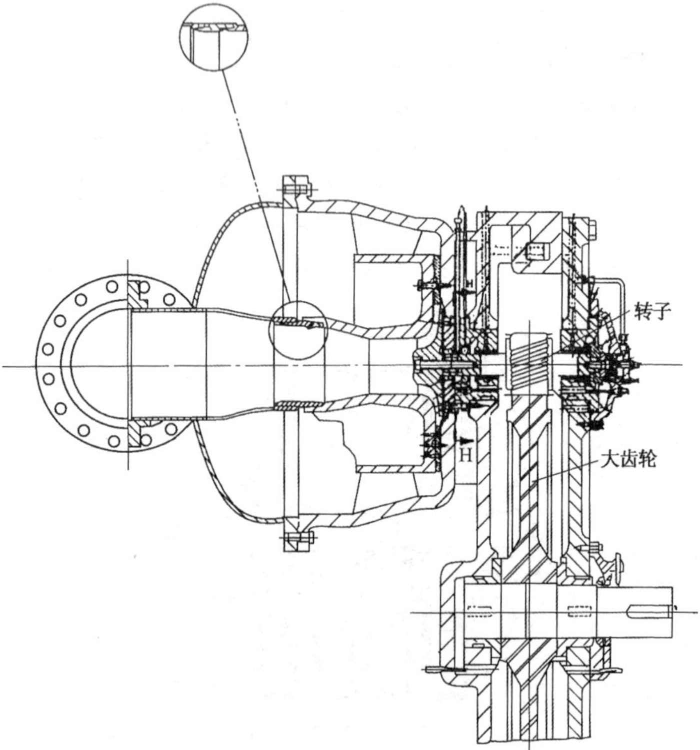

图 2-5　CM 型压缩机

类型涡轮机械，置于一个壳体的机型，这里将其归为一类。

a. MAN GHH 生产的膨胀压缩机(expander-compressor)大齿轮带两根转子，每根转子端部各有一级叶轮，共 4 级压缩空气，每级后都有中间冷却器，压缩过程为等温压缩，与 H 型相似。但大齿轮又带有一个膨胀转子，转子端部各有一个叶轮，利用高温烟气膨胀，完成两级膨胀做功。由于膨胀转子承担部分驱动扭矩，达到了降低电机做功，余热利用的目的。

b. 组合式离心压缩机还有一种形式，即在轴流式压缩机的末级，增加一级离心式叶轮，为单轴串联式结构，以提高轴流压缩机的出口压力。如图 2-6。

2. 离心式压缩机由哪些主要元件组成?

离心式压缩机有 4 种基本类型，每种类型又有繁多的品种和规格，有时因特殊需要，还需专门研制设计新的品种，以满足生产发展的需求。因此，离心式压缩机的品种和规格是较多的，但是，就它们的组成而言，可概括为定子和转子两大部分，而每个部分又由一些基本的元件组成。

(1) 定子

定子由气缸和隔板组成，气缸通过猫爪与机座联成一体，使机组运行时稳固可靠。隔板组装固定于气缸之内，由于隔板组装后所处位置不同，则隔板有进气隔板、中间隔板，段间隔板和排气隔板之分。生产使用经验证明，由气缸和隔板组成的定子，必须满足以下要求：

① 要有足够的刚度，以免在长期使用中产生变形；

② 要有足够的强度，以承受气体介质的压力；

③ 中分面及出入口法兰结合面，要有可靠的密封性能。以免气体介质泄漏至机壳之外。

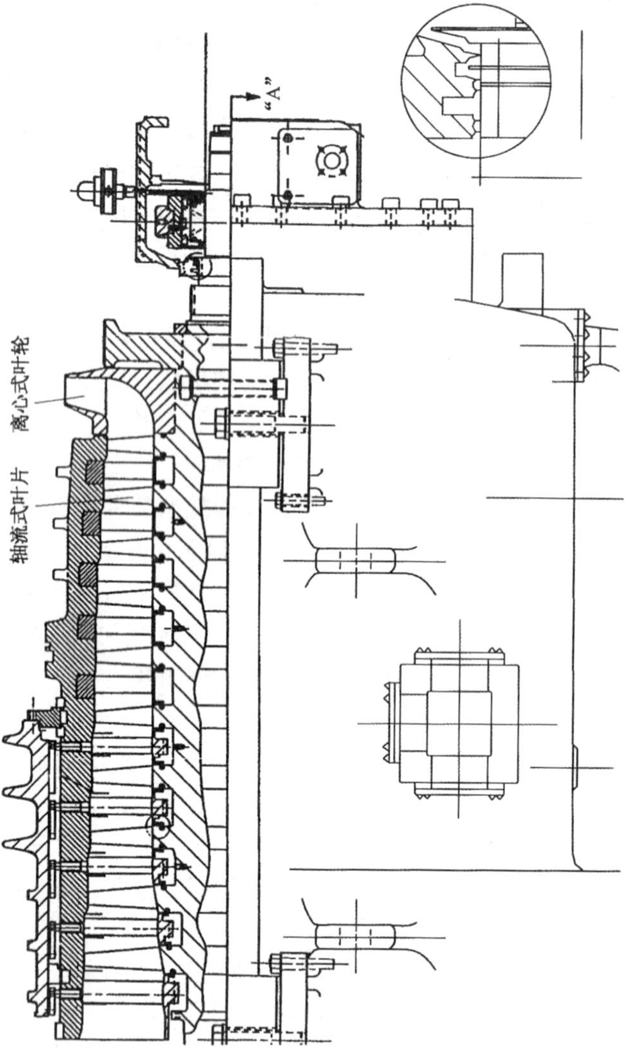

图2－6

(2) 转子

转子是压缩机的关键组件,它通过旋转对气体介质作功。使气体获得压力和速度能,以满足生产工艺的要求。转子由主轴、叶轮、平衡盘、推力盘以及定距套等件组成,如图 2-7 所示。转子是高速旋转组件,因此,要求装配在立轴上的叶轮、平衡盘等元件,必须有防止松动的技术措施,以免运行中产生位移,造成摩擦、撞击等故障,转子组装时要进行严格的动平衡试验,以便消除不平衡引起的严重后果。

3. 叶轮的作用是什么? 它有哪几种类型?

叶轮是离心式压缩机对气体介质做功的惟一元件,气体介质在高速旋转的叶轮的推动下,随叶轮一起作旋转运动,从而获得速度能并由扩压器部分地转化为压力能。并在离心力的作用下由叶轮出口甩出,沿扩压器、弯道、回流器进入下一级叶轮进一步压缩增压,直至由压缩机出口排出,才算完成气体介质输送和增压的任务。

叶轮按结构特点可分为开式、半开式和闭式等 3 种形式。其结构特点如下:

开式叶轮结构最简单,如图 2-8 所示,由轮毂和叶片组成。叶片两侧面无前后盖板,气体的通道直接由机壳构成,气体流动损失较大,叶片与机壳易产生摩擦。因此,这种形式的叶轮在压缩机中应用较少。

半开式叶轮与开式相比,结构有所改进,叶轮后面由轮盘封死,前面仍处于敞开状态,如图 2-9 所示。因此,这种叶轮流动损失仍然较大,使用效率低于闭式叶轮。

闭式叶轮结构比较完善,由盖板、轮盘和叶片组成,如图 2-10 所示,气体被密闭于叶轮流道内流动,流动损失较小,效率较高,因此,在压缩机中得到广泛应用。

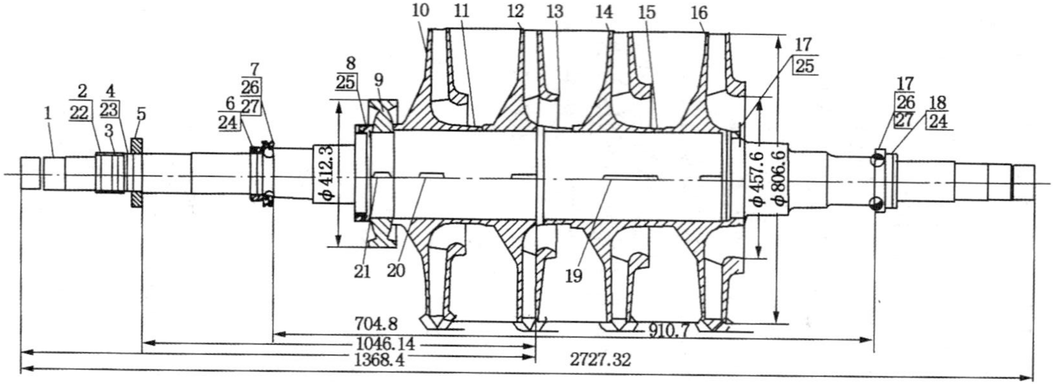

图 2－7　转子组件图

1—主轴；16、14、12、10—1～4 级叶轮；17、15、13、11—1～4 级定位套；9—平衡盘；5—推力盘

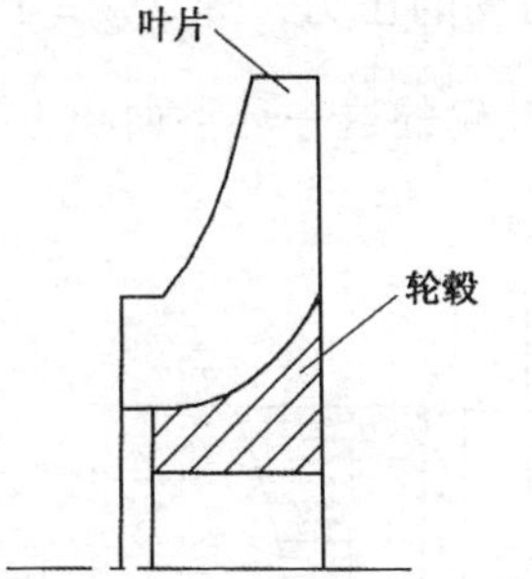

图 2-8　开式叶轮

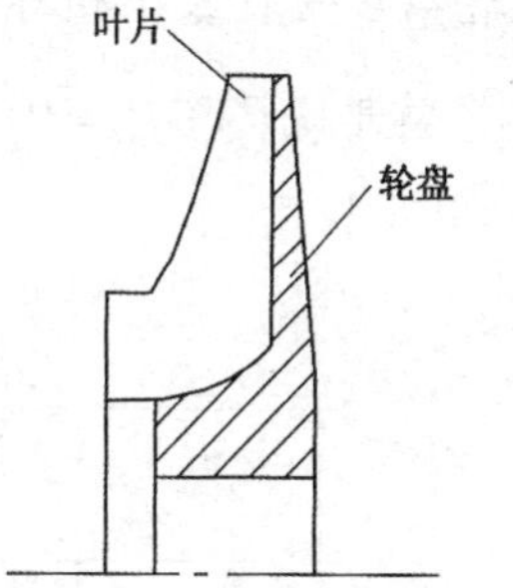

图 2-9　半开式叶轮

叶轮按叶片出口角 β_{2A} 的不同,可分为前向叶轮、径向叶轮和后向叶轮等 3 种形式,如图 2-11 所示。β_{2A} 大于 90°为前向叶轮,β_{2A} 等于 90°为径向叶轮,β_{2A} 小于 90°为后向叶轮,由于后向叶轮效率较高,因此,这种叶轮得到了广泛的应用。

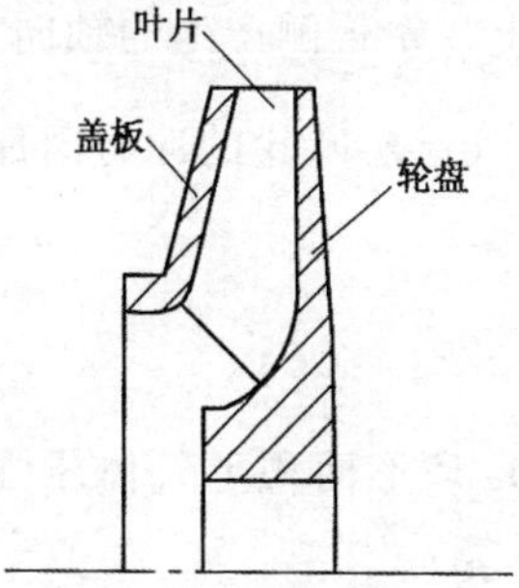

图 2-10　闭式叶轮

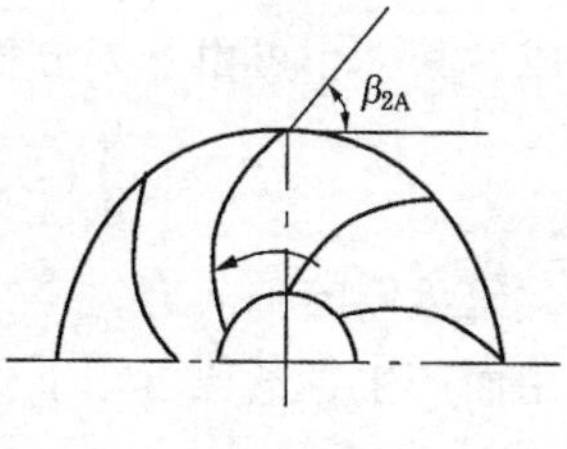

图 2-11　叶轮出口角示意图

4. 转子为什么会产生轴向力?

转子在高速旋转的工作过程中，叶轮两侧充满着具有一定压力的气体介质，如图 2-12 所示，从图中压力分布情况可以看出，在内径为 D_S 至外径为 D_2 的环形面积上，轮盖与轮盘承受着大小相等、方向相反的压力，即 $P_{盖} = P_{盘} = P_2$，就是说$\vec{P}_1 + \vec{P}_2 = 0$。因此，叶轮的这一环形面积上不产生轴向力。

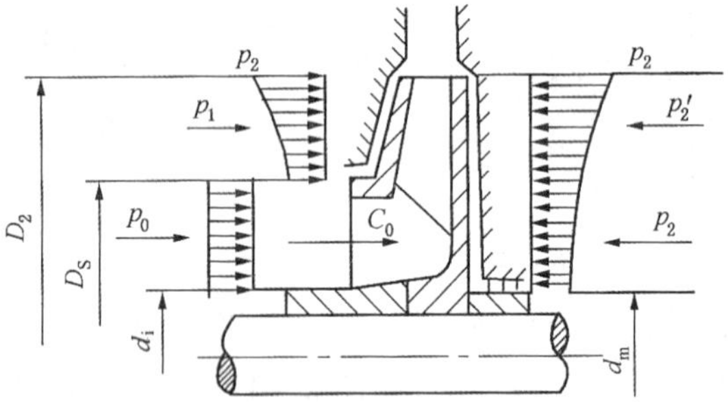

图 2－12　叶轮两侧压力分布图

显然，轴向力产生于所受压力不等的 d_i 到 D_s 的轮盖侧和 d_m 到 D_S 的轮盘侧的环形面积上，轮盖侧产生的轴向力，由气体静压强$\frac{\pi}{4}(D_S^2 - d_i^2) \times P_0$ 和气流对叶轮的冲力两部分组成，其大小可由下列方程计算：

$$P_0 = \frac{\pi}{4}(D_S^2 - d_i^2) \times P_0 + GC_0 \qquad (2-1)$$

轮盘侧的轴向力，由 d_m 至 D_S 环形面积上气体压强的作用而产生，其值可用下列公式计算：

$$P_2 = \frac{\pi}{4}(D_S^2 - d_m^2)P_2 \qquad (2-2)$$

整个叶轮产生的轴向推力 P 为：

$$P = P_2 - P_0 = \frac{\pi}{4}(D_S^2 - d_m^2)P_2 - \frac{\pi}{4}(D_S^2 - d_i^2)P_0 - GC_0$$

取 $d_i = d_m = d$，经整理简化为下式：

$$P = \frac{\pi}{4}(D_S^2 - d^2)(p_2 - p_0) - GC_0 \qquad (2-3)$$

分析方程(2–3)可以得出以下论断：

① 叶轮出口压力 p_2 与叶轮进口压力 p_0 之差值越大，则叶轮产生的轴向力就越大；

② 缩小轮盖密封直径 D_3，可使轴向力相应减小；

③ 当压缩机减负荷运行时，由于叶轮出口与进口压差增加，以及气流在进口的冲力减小，因此，会导致轴向力增加。所以，压缩机减负荷运行时，要考虑推力瓦的承载能力；

④ 多级叶轮产生的轴向力，为每级叶轮轴向力之和。

5. 轴向力的危害是什么？

高速运行的转子，始终作用着由高压端指向低压端的轴向力。转子在轴向力的作用下，将沿轴向力的方向产生轴向位移。转子的轴向位移，将使轴颈与轴瓦间产生相对滑动，因此，有可能将轴瓦或轴颈拉伤，更严重的是，由于转子位移，将导致转子元件与定子元件的摩擦、碰撞乃至机器损坏。由于转子轴向力，有导致机件摩擦、磨损、碰撞乃至破坏机器的危害，因此，应采取有效的措施予以平衡，以提高机器运行的可靠性。

6. 轴向力有哪些平衡方法？其原理是什么？

轴向力的平衡是多级离心式压缩机设计时需要重点考虑的技术问题，目前，一般多采用以下两种方法：

① 叶轮对置排列　单级叶轮产生的轴向力，其方向指向叶轮入口，即由高压侧指向低压侧。如果多级叶轮按顺排方式排列，如图 2–13 所示，则转子总的轴向力为各级叶轮轴向力之和，显然，这种排列方式转子的轴向力很大。如果

多级叶轮采用对置排列，如图 2-14 所示，则入口相反的叶轮，产生一个方向相反的轴向力，可相互得到平衡，因此，它是多级离心式压缩机最常用的轴向力平衡方法之一。

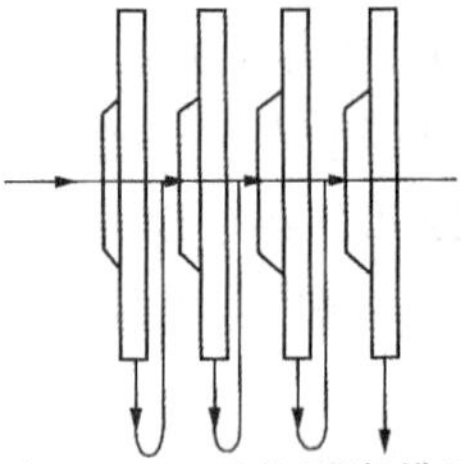

图 2-13　叶轮顺序排列

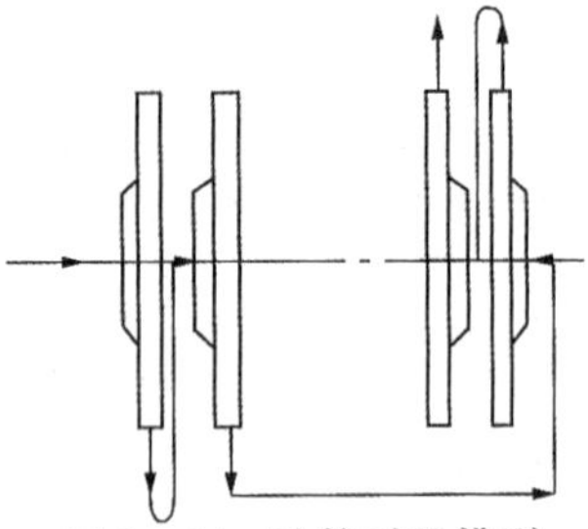

图 2-14　叶轮对置排列

② 设置平衡盘　平衡盘是多级离心式压缩机常用的轴向力平衡装置，如图 2-15 所示。平衡盘一般多装于高压侧，外缘与气缸间设有迷宫密封，从而使高压侧与压缩机入口联接的低压侧保持一定的压差，该压差产生的轴向力，其方向与叶轮产生的轴向力相反，大小可用下列方程计算：

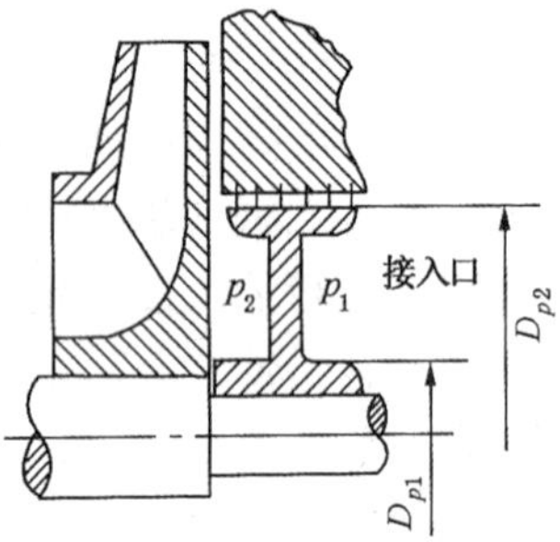

图 2-15　平衡盘

$$P_p = \frac{\pi}{4}(D_{p2}^2 - D_{p1}^2)(P_2 - P_1) \qquad (2-4)$$

式中　P_p——平衡盘产生的轴向力；

P_2——平衡盘前压强；

P_1——平衡盘后压强；

D_{p2}、D_{p1}——平衡盘外径和轮毂直径。

转子轴向力平衡的目的，主要是减少轴向推力，减轻止推轴承负荷，一般情况下轴向力的70%应通过平衡措施消除，剩余的30%由止推轴承负担，生产实践证明，保留一定的轴向力，是提高转子平稳运行的有效措施，因此，设计平衡机构时，应充分考虑这一问题。

7. 何为扩压器？其作用是什么？

图2-16所示为扩压器示意图，它由隔板截面3-3至截面4-4所构成的环形空间组成，扩压器进口为截面3-3，出口为截面4-4，进口宽度为 b_3，出口宽度为 b_4，一般设计中常采用 $b_4 = b_3 = b_2$（b_2 为叶轮出口宽度），也有 $b_4 \neq b_3 \neq b_2$的情况。当 $b_4 > b_3$ 时，气体流道为扩张形；$b_4 < b_3$ 时，气体流道为收敛形。实验证明，收敛形扩压器，对减少流动损失、提高升压效率较为有利，因此，工程上常采用略带收敛的扩压器。扩压器的直径也是设计扩压器的主要参数，取值太大或太小，都会影响气体流动状况，降低动能向静压能转变的转化率。因此，一般情况常采用 $D_3 = (1.03 \sim 1.12)D_2$，$D_4 \leqslant (1.50 \sim 1.70)D_2$。

扩压器设在叶轮出口，其作用是将气体的速度能转化为

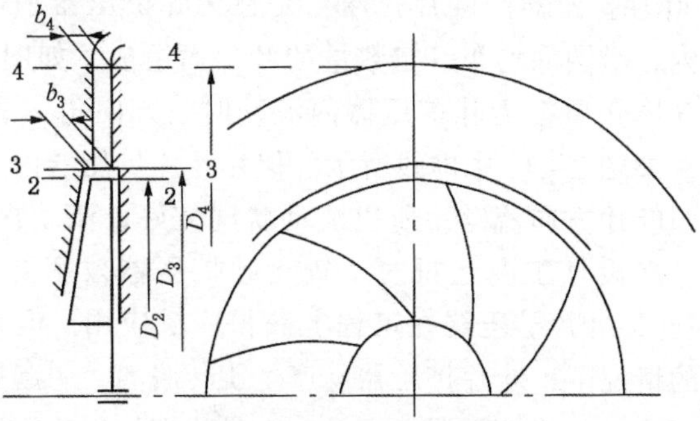

图2-16 扩压器示意图

压力能。气体介质在高速旋转的叶轮的推动下，获得速度能和压力能，一般情况下叶轮出口气体流速均在200～300m/s，高能头叶轮出口气体流速高达500m/s。这部分速度能，约占气体介质从后向叶轮获得能量的25%～40%，就径向叶轮而言，这部分能量更高，约占总能量的50%。显然，这部分速度能应转化为有用的压力能。扩压器就具有降速增压的功能，它可使大部分速度能转化为压力能，从而提高气体介质压力，满足生产工艺的需求。

8. 扩压器有几种形式？其结构特点是什么？

扩压器是由叶轮出口两侧隔板按设计构思形成的环形通道。根据环形通道结构形式的不同，扩压器可分为无叶扩压器、叶片扩压器和直壁扩压器3种形式。其结构特点分别如下所述。

① 无叶扩压器　无叶扩压器通常只有两个平行光滑的壁面组成，如图2－16所示，它结构简单、造价低廉，而且具有性能曲线平坦、稳定工况范围较宽的优点。但无叶扩压器直径较长，气体流动损失较大，因此，目前工程上应用较少。

② 叶片扩压器　叶片扩压器是在无叶扩压器平行光滑的壁面内，沿圆周均布一定数量的叶片而组成，如图2－16所示。气体介质在无叶扩压器内流动时，方向角 a 基本保持不变，如图2－17中虚线所示。但在叶片扩压器内，气体必须按照叶片方向流动，所以流动状况较好，流动损失小，效率高。在设计工况运行时，较无叶扩压器效率高3%～5%，因此，叶片扩压器在工程上获得广泛应用。但是在流量减少的情况下，叶片扩压器易产生旋转脱离，引起压缩机的喘振，这是叶片扩压器的不足，也是我们使用中应注意的

问题。

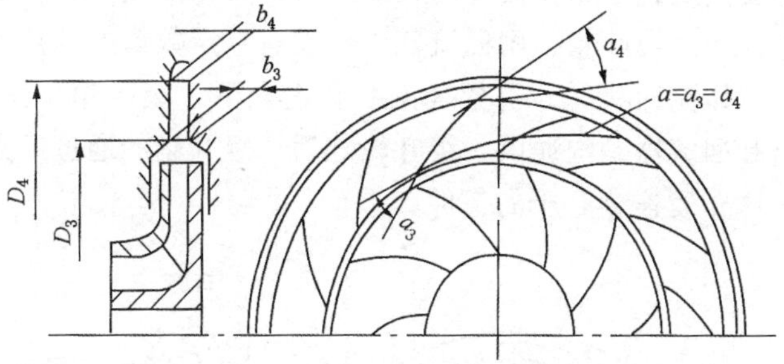

图 2-17　叶片扩压器示意图

③ 直壁扩压器　直壁扩压器也是一种叶片扩压器，如图 2-18 所示。它是在叶片出口有一段直壁通道，故称直壁扩压器，由于直壁扩压器的气流通道接近直线形，所以气体流动速度和压力分布比较均匀，不易产生边界分离和二次涡流，因此，在设计工况下运行，效率较高。偏离设计工况运行，气体在进口将发生冲击，所以适应性较差。同时由于结构复杂、制造难度大，这是它难以广泛应用的重要原因。

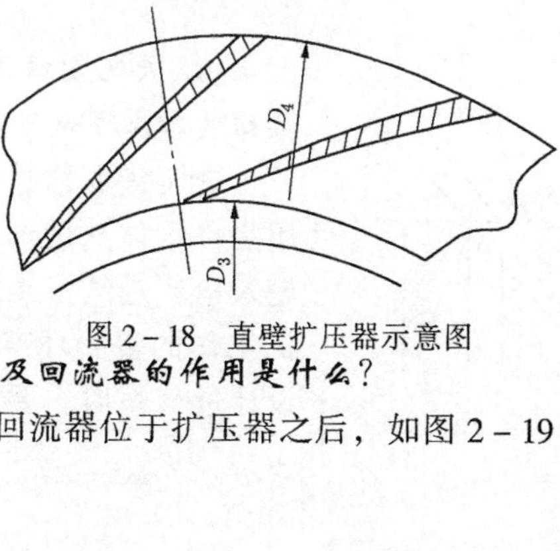

图 2-18　直壁扩压器示意图

9. 弯道及回流器的作用是什么？

弯道和回流器位于扩压器之后，如图 2-19 所示。由叶轮甩出的气体介质经扩压器减速增压后进入弯道，气流经弯道使流向反转 180°，接着流入回流器，为保证气体介质沿轴向进入下一级叶轮，则回流器内均设有一定数量的叶片，以改善气体流动状况，引导气流顺利进入下一级叶轮，显然，弯道和回流器是沟通前一级叶轮与后一级叶轮的通道，是实现气体介质连续升压的条件。

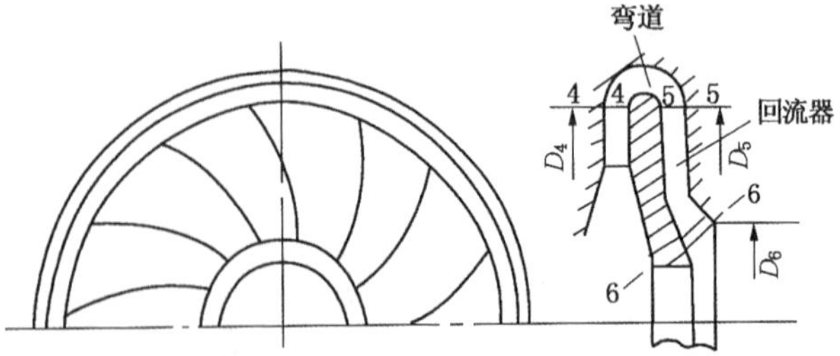

图 2－19　弯道及回流器

图 2－19 中截面 4－4 至截面 5－5 为弯道，截面 5－5 至 6－6 为回流器，弯道一般不设置叶片，回流器设 12～18 条叶片，弯道前后宽度一般为等值，即 $b_4 = b_5$，如图 2－20 所示。弯道和回流器有一定流动损失，一般约占每级能量的 5%左右。

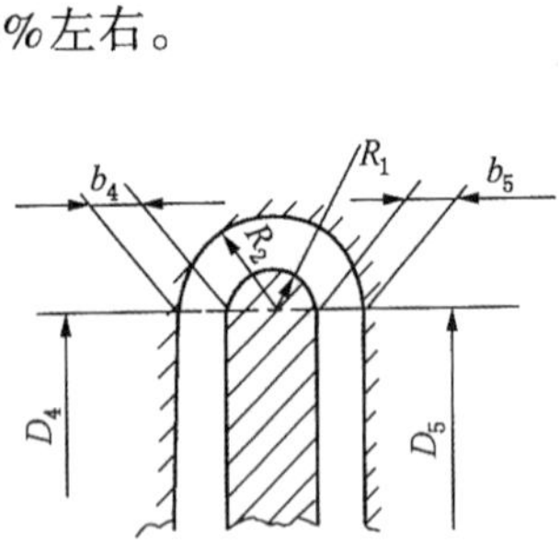

图 2－20　弯道示意图

10. 进气室的作用是什么？按结构特点可分为哪几种？

进气室也称吸气室，其作用是将气体从进气管中引至叶轮入口。进气室是离心式压缩机工作的重要环节，因此，在设计进气室时，要注意避免出现气流速度不均和分离现象，降低流动损失，保证气流在叶轮入口有较均匀的速度场和压力场；并要作到便于加工制造，有利于安装维修。

进气室按结构特点可分为以下几种类型：

① 轴向进气室　如图 2－21 所示。这种进气室结构简单，便于制造和安装，并常采用收敛形结构。因此，气流均匀，损失较小，流动性能较好，常用于单级悬臂式鼓风机和增压机。

② 径向进气室　径向进气室是使气体由径向转为轴向流动的一种结构形式，如图 2－22 所示。由于气流有转向流动，有可能造成叶轮入口气流速度和压力不均匀。因此，设计时要选用适当的弯曲半径，以利于改善气体流动条件，满足叶轮入口对气流速度和压力分布均匀性的要求。

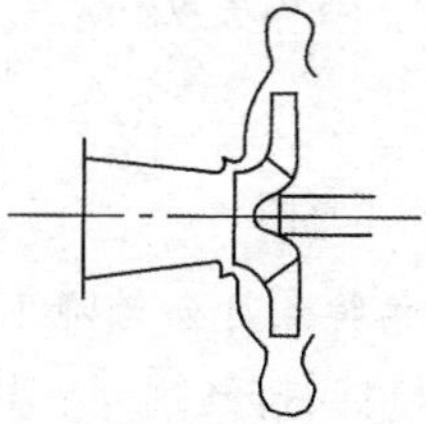

图 2－21　轴向进气室示意图

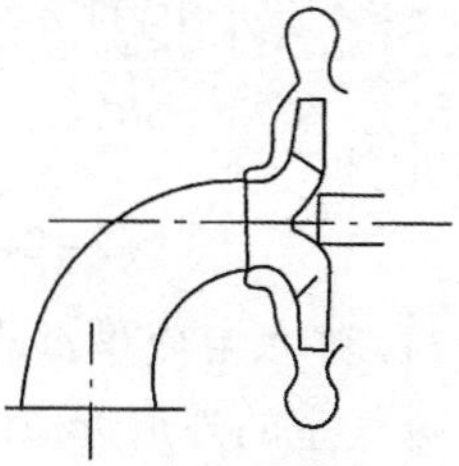

图 2－22　弯道径向进气室示意图

③ 两端支承径向进气室　图 2－23 所示为两端支承径向进气室简图，它由进气通道、螺旋通道和环形收敛通道等 3 部分组成，其结构简单、轴向尺寸小，常用于多级离心式压缩机。

④ 半蜗形进气室　半蜗形进气室也叫水平进气室，如

图 2－24 所示。进气管与机壳上盖不连，有利于组装和检修，但因流动损失较大，所以应用较少。

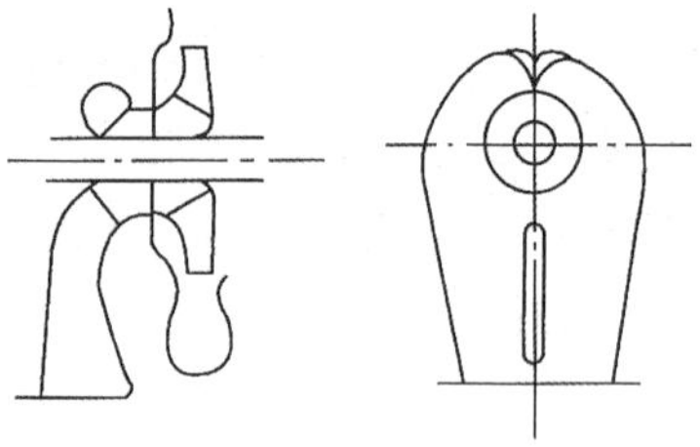

图 2－23　两端支承径向进气室示意图

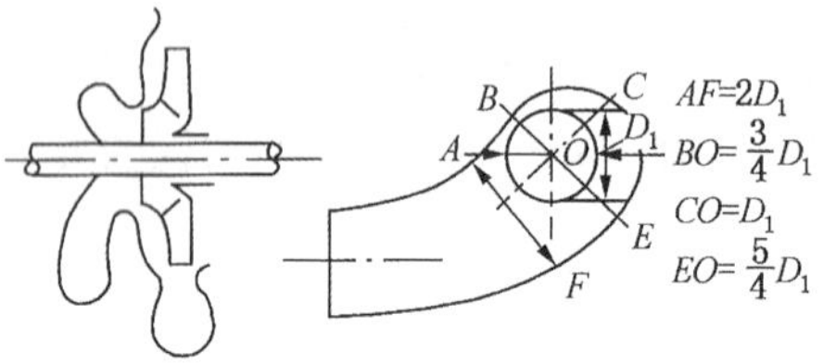

图 2－24　半蜗形进气室示意图

11. 排气室的作用是什么？按结构特点可分为哪几种？

排气室的外形近似蜗牛壳，所以也叫排气蜗壳。其作用是汇集由扩压器或叶轮(无扩压器时)内排出的气体，以便引至机外管网系统。同时还有降低气流速度，提高气体压强的功能。

排气蜗壳按其设计位置，有蜗壳前为扩压器，蜗壳前为叶轮和不对称内蜗壳等 3 种类型，如图 2－25 所示。

排气蜗壳按截面形状，可分为圆形截面、梯形截面、矩形截面和梨形截面等 4 种形式，如图 2－26 所示。蜗壳截面形状对气体流动状态影响不大。因此，采用哪种形式的截

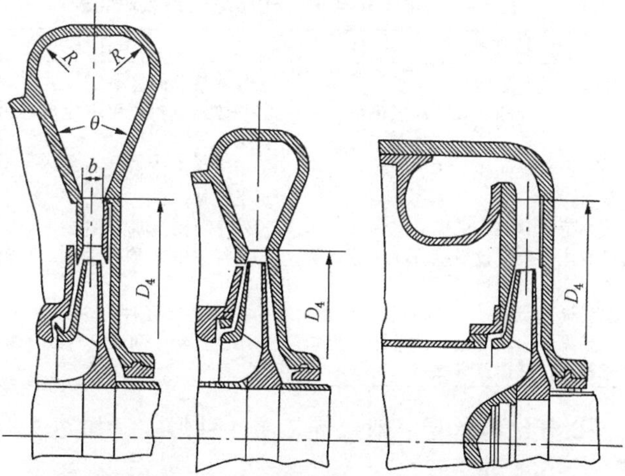

a) 蜗壳前为扩压器　b) 蜗壳前为叶轮　c) 不对称内蜗壳

图 2－25　蜗壳结构示意图

面，可优先考虑结构设计的合理性以及制造组装的方便条件。

12. 轴流式压缩机和离心式压缩机各有什么特点?

轴流式压缩机与离心式压缩机的特点详见表 2－1。

13. 轴流式压缩机的结构特点是什么?

轴流式压缩机的结构具有以下特点：

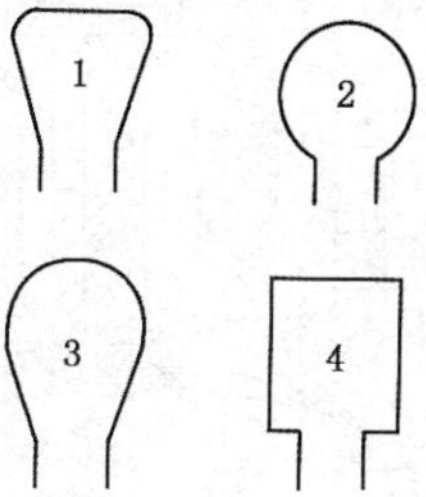

图 2－26　蜗壳截面形式图

1—梯形截面；2—圆形截面；3—梨形截面；4—矩形截面

① 由于每级叶栅(包括一排动叶片和其后的静叶片)增压较小，所以级数较多，轴向尺寸较长。

表 2-1　轴流式与离心式压缩机特点对照表

轴流式压缩机	离心式压缩机
①气体沿轴向运动	①气体沿径向运动
②气体径动叶和静叶叶栅减速增压	②气体经叶轮作用产生离心力和能量头
③用于大流量低能头工况，稳定工况较窄	③用于中小流量较高能头工况，稳定工况宽
④效率范围 80%～90%	④效率范围 70%～80%
⑤对气体中杂质较敏感，叶片易磨损	⑤对气体中杂质不敏感，叶轮不易磨损
⑥主要通流元件：进气室、收敛器、进气导流器、动叶栅、静叶栅、出口导流器、扩压器及排气室	⑥主要通流元件：进气室、叶轮、扩压器、弯道和回流器以及蜗壳

② 气缸有单层、双层和三层 3 种形式，如图 2-27 和

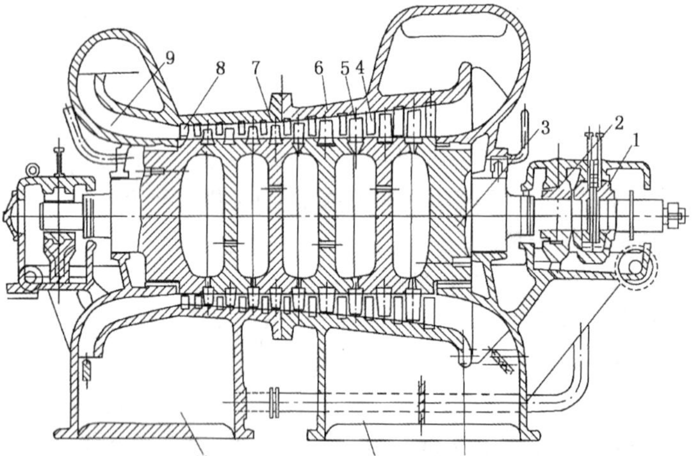

图 2-27　Z3250-46 轴流式压缩机

1—止推轴承；2—径向轴承；3—转子；4—静叶；5—动叶；6—前气缸；7—后气缸；8—出口导流器；9—扩压器；10—排气室；11—进气室；12—收敛器

图 2－28 所示。单层结构比较简单，静叶片直接组装于气缸体上，如静叶角度需要调节，则气缸往往设置三层；内气缸组装静叶片，所以常称它为静叶承缸；中间气缸为静叶角度调节传动机构，通称静叶调节缸；最外层为机壳。这种双层和三层设计结构，减少了热应力以及由热膨胀而引起的变形。

③ 由于静叶角度需要调节，所以静叶不是在承缸上固定，而是可绕自身轴自由转动，以便实现静叶角度的调节，因此，静叶承缸上设置了特制的静叶轴承。

④ 为确保静叶调节的灵活性，避免杂质进入静叶轴承，因此，轴流式压缩机均有特制的入口过滤装置，以提高介质气体的清洁度。

⑤ 为使介质气流均匀的进入轴流式压缩机内，除设置了进气室外，还专门设计了收敛器和进气导流器等机构，以利于介质气流形成均匀的速度场和压力场。

⑥ 转子较长，直径较大。为保证转子有足够的强度和刚度，以及较为紧凑的结构，则轴流式压缩机的转子通常采用如表 2－2 所示的结构。

14. 轴流式压缩机通流元件的功能是什么？

轴流式压缩机通流部分的元件包括进气室、收敛器、进气导流器、动叶栅、静叶栅、出口导流器、扩压器及排气室等元件，其功能分别为：

① 进气室　进气室是轴流式压缩机的首要环节，其作用是将大气或进气管来的介质气体，较均匀的送至环形收敛器。

②收敛器　收敛器是轴流式压缩机的特有元件，其作用是使进气室的气流适当加速，并使气流进入进气导流器之前，获得较均匀的速度场和压力场。

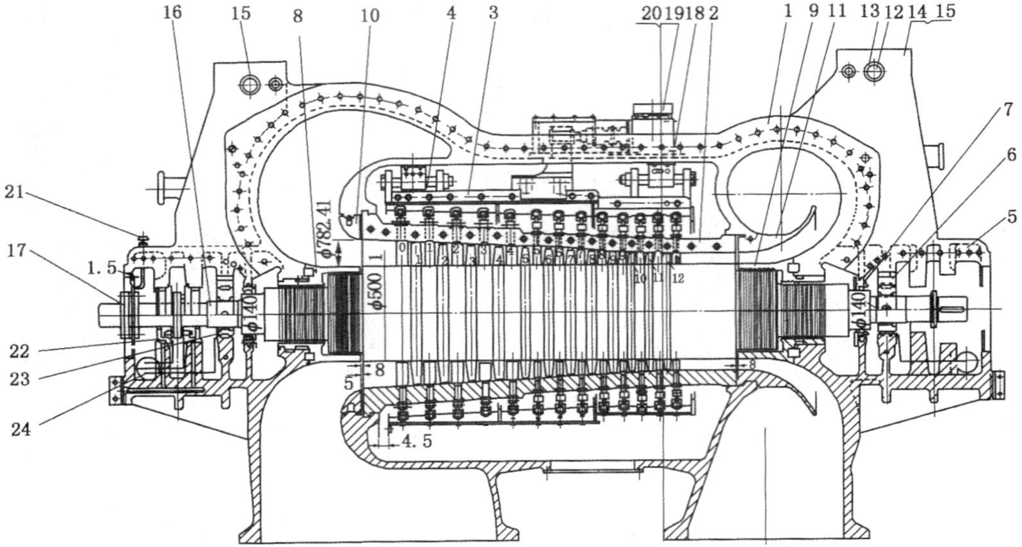

图 2-28　AV 系列轴流压缩机结构图(AV50-12)

1—机壳；2—静叶承缸；3—调节缸；4—驱动环，5—轴承箱；6—径向轴承；7—油封；8—密封套(进气侧)；9—密封套(排气侧)；10—进口收敛通道；11—扩压器：12—螺栓；13—垫圈；14—支腿；15—导向键；16—转子；17—联轴器；18—调节缸支撑：19—伺服马达(右)，20—伺服马达(左)；21—位移监测器；22—止推轴承；23—径向轴承：24—热电偶

表 2-2　轴流式压缩机转子结构分类

分类		简图	特点
鼓筒式		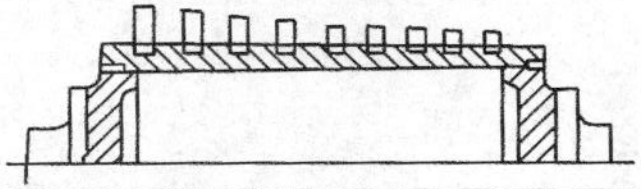	结构简单，加工量少，刚性好(多为刚轴)。动叶周向装入。但强度差，轮缘许用周向速度低(150～180m/s)
盘轴式		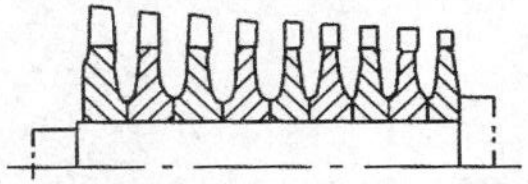	叶轮与轴用过盈紧固。可以不用键而靠过盈预紧力传扭。动叶可轴向装配。刚性较差，一般为柔轴
盘鼓式	焊接式	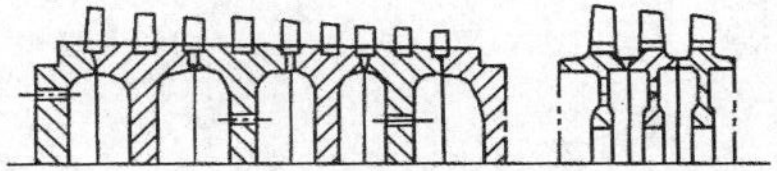	刚性、强度都较好。使用最广泛。它又分： 1)焊接式　要求焊接技术较高，薄叶轮要求使用先进焊接技术，如电子束焊等 2)径向销钉式　叶轮过盈配合并压入轴向销钉 3)拉杆式　有中心拉杆和外围拉杆两种。传递扭矩有：轴向销钉传扭、端面齿传扭、端面摩擦传扭
	径向销钉式	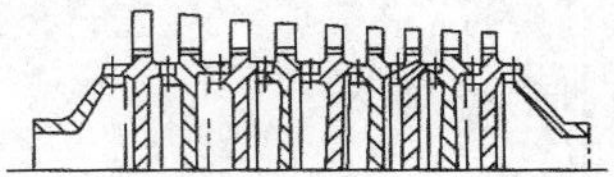	
	拉杆式	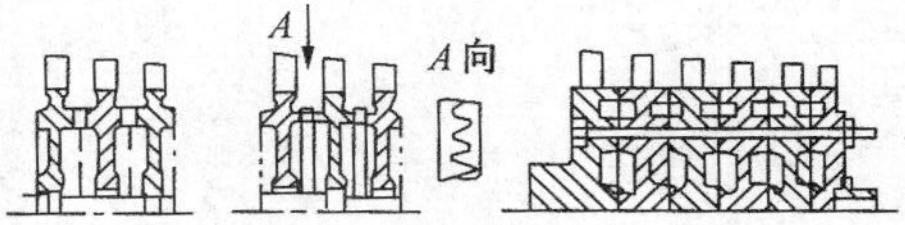a) 轴向销钉传扭　b) 端面齿传扭　c) 摩擦传扭	

③ 进气导流器　即第一排静叶，其作用是使气流按需要的方向和速度均匀的进入第一级动叶。

④ 动叶　即组装在转鼓上的叶片，每一级动叶与其后的静叶组成轴流式压缩机的级。动叶是对气体作功的唯一元件，它使气流流出时，速度和压力都有所提高。

⑤ 静叶　即导流器，由气缸上的叶片组成。其作用有两方面，一是将动叶出来的气流的动能，尽量转换为压力能，二是使气流按照一定方向和速度进入下一级继续压缩。

⑥ 出口导流器　位于末级静叶即末级导流器之后，其作用是使末级静叶排出的气流，沿叶高均变为轴向流动，以便防止气流在扩压器内产生旋绕运动，且减少流动损失，提高运行效率。

⑦ 扩压器　使出口导流器排出的气体，能均匀的减速增压，进一步变动能为压力能，提高排气压力。

⑧ 排气室　排气室紧联排气管，其作用是将扩压器排出的气体，沿径向收集，经排气管输出。

第三章　离心式压缩机的密封

1. 密封的作用是什么？按结构特点可分为哪几种形式？

离心式压缩机若要获得良好的运行效果，必须在转子与定子间保留一定间隙，以避免其间的摩擦、磨损以及碰撞、损坏等故障的发生，同时，由于间隙的存在，自然会引起级间和轴端的泄漏现象，泄漏不仅降低了压缩机的工作效率，而且还将导致环境污染，甚至着火爆炸等事故。因此，泄漏现象是不允许产生的。密封就是保留转子与定子间有适当间隙的前提下，避免压缩机级间和轴端泄漏的有效措施。根据压缩机的工作温度、压力和气体介质有无公害等条件，则密封可选用不同的结构形式，并通称它为密封装置。

密封装置按结构特点可分为抽气式、迷宫式、浮环式、机械式和螺旋式等 5 种形式，一般有毒、易燃易爆气体，应选用浮环式、机械式、螺旋式以及抽气式等密封装置，如果气体无毒、无害、升压较低，则可选用迷宫式密封装置。

2. 迷宫密封装置的结构特点是什么？

迷宫密封是离心式压缩机级间和轴端最基本的密封形式。根据结构特点的不同，可分为平滑式，凹凸式和阶梯式以及蜂窝式等 4 种类型。

① 平滑式迷宫密封　平滑式迷宫密封有整体和镶片两种结构，如图 3－1 所示。它结构简单，便于制造，但密封效果较差。

② 曲折式迷宫密封　这种迷宫密封的结构特点是密封

齿的伸出高度不一样，而且高低齿相间排列，如图 3－2 所示。与之相配的轴表面，是特制的凹凸沟槽，这种高低齿与凹凸槽相配合的结构，使平滑的密封间隙变成了曲折式，因此，增加了流动阻力，提高了密封效能。

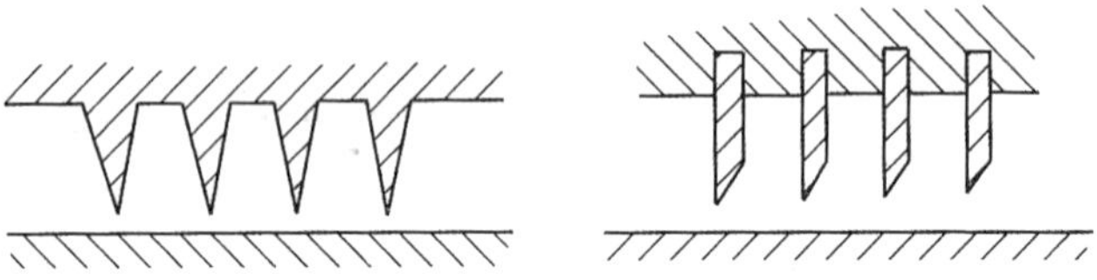

a) 整体结构　　b) 镶片结构

图 3－1　平滑式迷宫密封

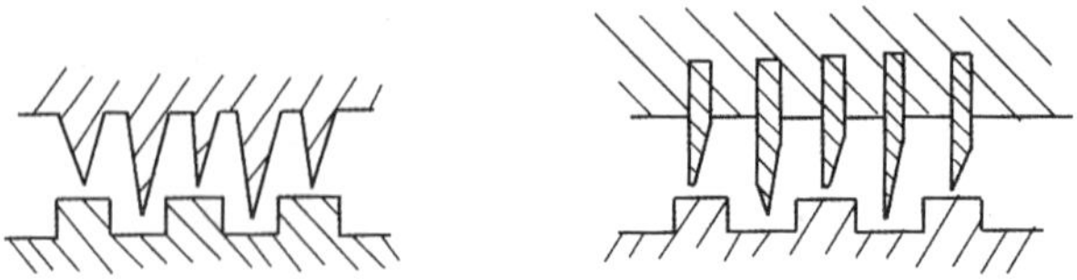

a) 整体结构　　b) 镶片结构

图 3－2　曲折式迷宫密封

③ 台阶式迷宫密封　图 3－3 所示为台阶式迷宫密封，常用于叶轮盖板和平衡盘处。

④ 蜂窝式迷宫密封　图 3－4 所示为蜂窝式迷宫密封示意图，蜂窝密封由内孔表面为蜂窝状的六边形小蜂窝孔组成。其规格尺寸为 0.8～6mm，板厚为 0.05～0.2mm，蜂窝深度为 1.6～6mm。材质一般为镍基高温合金。

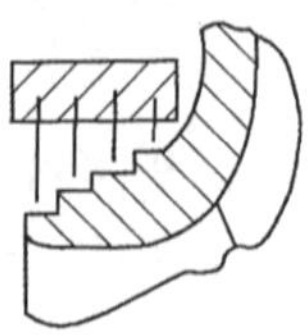

图 3－3　台阶式迷宫密封

蜂窝带与气封圈是利用高温真

空焊接在一起的。

3. 迷宫密封装置的密封原理是什么？

为说明迷宫密封装置的密封原理，我们首先对气体在密封中的流动状态进行分析。当气体流过密封齿与轴表面构成的间隙时，气流受到了一次节流作用，气流的压力和温度下降，而流速增加，经过间隙之后，是两密封齿形成的较大空腔，如图3-5所示。气体在这一空腔，容积增加、速度下降，并形成旋涡流动，产生一定的热能。因此，气体在这一空腔，使温度又回到了节流之前。气体每经过一次间隙和随后的较大空腔，气流就受到一次节流和扩容作用。随着气体流经间隙和空腔数量的增多，以及间隙值的减小，气体的流速和压降越来越大，待压力降至近似背压时，气体不再继续外流，从而实现了气体的密封。

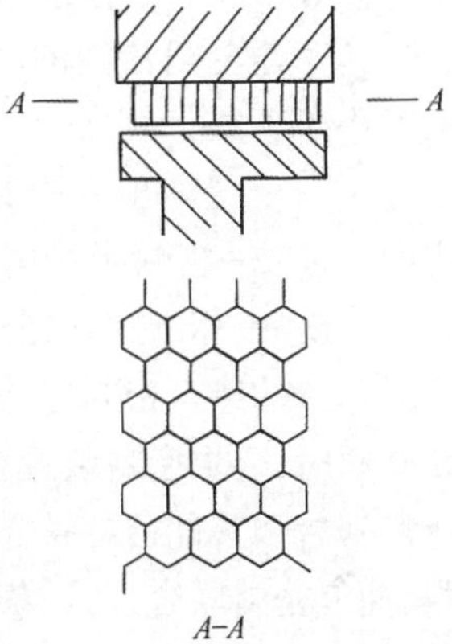

图3-4 蜂窝式迷宫密封

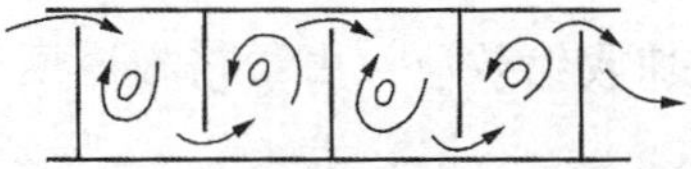
图3-5 气体在密封中的流动状态

从上述分析可以看出，密封间隙减小，密封齿数增多，其密封效果就会越好。根据有关资料介绍，梳齿密封每经过一道，压力损失为20~30kPa由此可以根据压力高低判断选用梳齿密封的数量。然而，密封齿数增多，一方面导致轴向尺寸增加，同时随着密封齿数的增加，其密封效果逐级下降。因此，叶轮前后的级间密封，一般只设3~6齿，轴端密封设6~35齿。齿顶间隙太大，密封效果较差，太小又会引起转子与密封齿间的摩擦磨损。所以，一般最小半径间隙不得小于下式计算之值

$$S = 0.2(0.3 \sim 0.6)D/1000$$

式中　S——密封半径间隙，mm；

D——密封部位公称直径，mm。

单一的迷宫密封很难实现零泄漏,当气体为有毒,易燃易爆介质时,要求密封装置有更好的可靠性和安全性,为此,采用迷宫密封和其他密封联合的密封形式较为有效,比如与浮环密封、抽气密封联合,均可获得较理想的密封效果。

4. 蜂窝密封机理是什么？密封效果如何？

密封机理是：

① 强大的气旋效应：泄漏气螺旋方式前进，被蜂窝状的密封网格分解，泄漏能力很快减弱。

② 摩阻效应：气体通过网格时泄漏气流产生轴间与周围双向强烈的阻力，降低泄漏。

③ 高效阻透气效应：使泄漏气流的动能充分转换成热能。

④ 高效流速收缩效应：由于格板厚度非常小，产生气流收缩效果好。

效果：① 泄漏减少，最高可使机组效率提高2%~4%以上；②薄、很软，不对轴产生磨损；③抑制转子气流激振，有减振效果。

5. 什么是金属软密封？

金属软密封也属于迷宫密封的一种。其壳体密封环上附

着一层金属材料和非金属材料混合物，硬度很小；另外，轴与密封壳体之间的间隙较梳齿密封小，甚至允许镶在轴上的硬金属密封片与壳体软金属接触，通过盘车、运转使其磨合，形成密封槽，用于密封介质，从而泄漏量很小，减少了容积损失，有效地提高了机组的效率。

6. 浮环密封装置的结构特点是什么？

浮环密封亦称浮环油膜密封，是液体密封的一种，它是由如图3－6所示的固定套筒密封结构发展起来的。在固定套筒密封结构中，套筒是固定不动的，因此，转子与套筒易发生摩擦磨损，如增加套筒与转子间的间隙，则密封油泄漏量增加，高压密封场合更是如此。这不仅要求封油泵能量增加，而且污油的回收处理设施和费用也将提高，显然，经济性较差。

为克服固定套筒密封结构的不足，经改进设计制成了如图3－7所示的浮环密封结构。这种密封结构，一般由内浮环（高压环）、外浮环（低压环）、弹簧、密封圈和防转销等元件组成。设备在运行过程中，浮环在油膜压力作用下，呈浮动状态，克服了固定套筒易发生的摩擦磨损现象；密封间隙可适当缩小，封油泵能力和污油回收处理设施，也可相应降低和简化。因此，是较理想的密封装置。

如果被密封气体压力较高，需要提高浮环密封装置的密

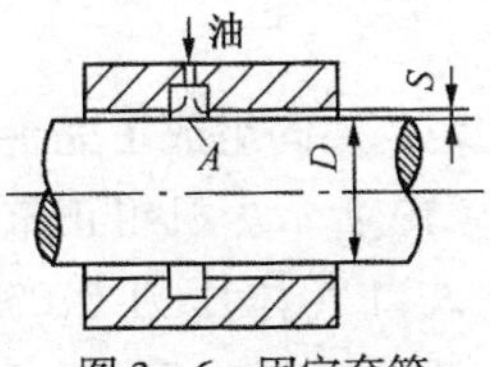

图3－6　固定套筒油膜密封

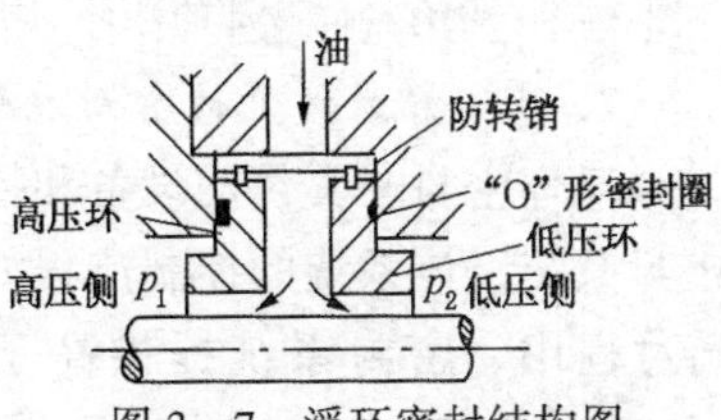

图3－7　浮环密封结构图

封能力，则可通过增加浮环数量来实现这一目标。如图3－8所示的密封装置，就是在两道浮环的基础上增加成为3道浮环的内冷式浮环密封结构，这样提高了密封效能，但同时也增加了制造维修工作的难度。在浮环数量增多的情况下，靠内侧浮环 的工作环境比较苛刻，它的密封间隙较小，泄油量较少，因此，内浮环处温度较高。为改善内浮环的工作条件，提高其使用寿命，常在浮环上开一些冷却槽或冷却孔，如图3－9所示，使部分封油经冷却槽后再进入浮环间隙，以便降低浮环温度，改善浮环工作条件，提高浮环工作的可靠性。实践经验证明，这一技术措施是有效的、可行的。

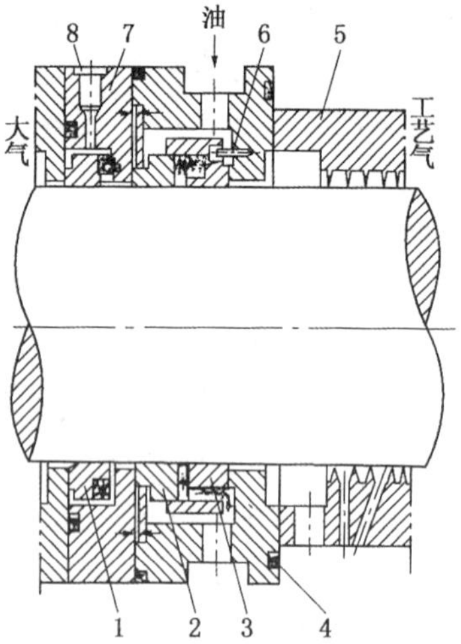

图 3－8　内冷式浮环密封结构图
1—第一浮环；2—第二浮环；3—第三浮环；4—静密封环；5—梳齿密封；6—防转销；7—密封腔壳；8—密封气注入孔

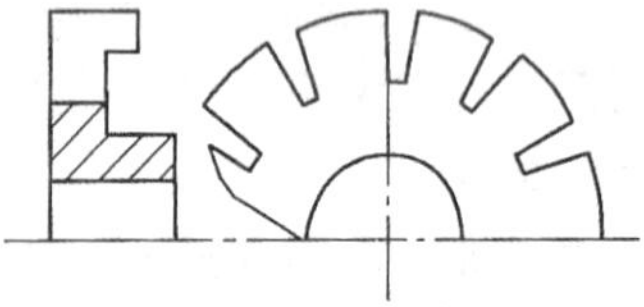
图 3－9　开有径向冷却的浮环

7. 浮环密封装置的密封原理是什么？

浮环密封与其供油设备和控制仪表，共同组成了完善的密封系统，该系统的控制流程如图 3－10 所示。机组正常运行过程中，密封系统提供高于 1 级入口气体压力 0.05～0.07MPa的密封气，同时还提供较密封气压力高 0.05～0.07MPa 的密封油，封油与封气之压力差，是浮环密封取得良好密封效果的外部条件，其值由高位油罐和系统中调控仪表的功能协助实现。

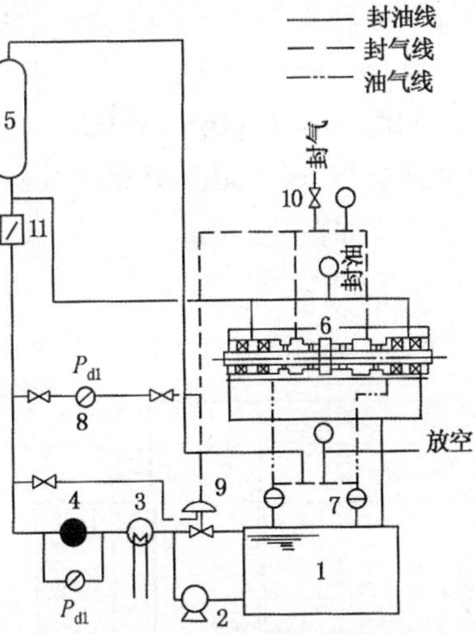

图 3-10　密封系统控制流程图

1—油箱；2—油泵；3—冷却器；4—过滤器；5—高位油箱；6—密封；7—油气分离器；8—密封气与密封油差压表；9—差压调节阀；10—密封气注入阀；11—调节阀

封油注入浮环密封腔之后，沿浮环间隙，向内浮环里侧和外浮环外侧泄漏，由于转子处于高速旋转之中，流入浮环间隙内的封油，在旋转轴的作用下，形成了具有一定承载能力的油膜，该油膜一方面将浮环抬起，使浮环与轴颈间实现液体润滑，从而减轻摩擦、降低磨损。另一方面，由于油膜充满整个浮环间隙，所以可阻止气体介质的外漏，起到了密封的作用，因此，该油膜也称密封油膜。

经内浮环间隙流至内浮环空腔 A(如图 3-11)的封油与封气的混合物，沿封油内回油管路，流至油气分离器，分离后的油返回油箱，气体放空或放火炬。经外浮环间隙流至外浮环空腔 B(图 3-11)的封油，由此空腔直接流回油箱。

浮环密封装置的密封效果，与浮环间隙有直接关系，从降低封油漏损、提高密封效能看，浮环间隙应尽量减小，但间隙太小又会导致浮环工作条件的恶化，乃至浮环抱轴故障的产生，因此，浮环间隙一般均在下列范围选取：

内浮环半径间隙 $S=(0.0005\sim0.001)\times D$ (3-1)

外浮环半径间隙 $S=(0.001\sim0.002)\times D$ (3-2)

式中 D——浮环公称直径，mm。

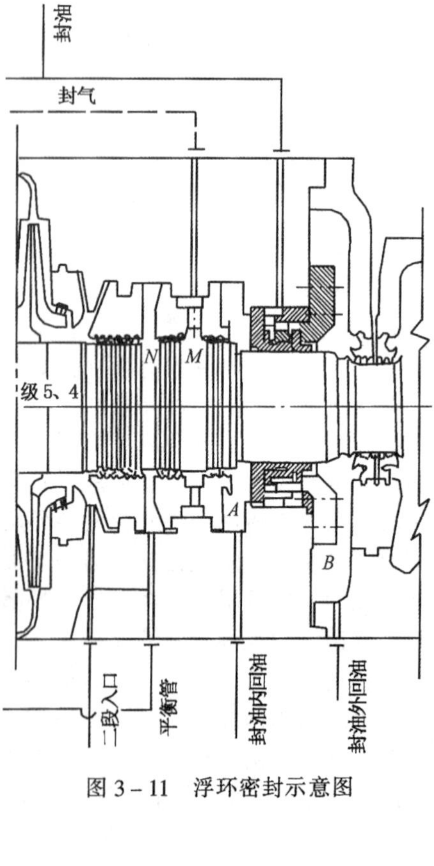

图 3-11 浮环密封示意图

8. 机械密封装置的结构特点是什么?

机械密封也叫端面密封，按结构特点可分为单端面和双端面等两种基本形式，如图 3－12 所示。它是靠两个端面紧密贴合而实现密封的，所以又称接触式密封，这是它区别于非接触式密封如迷宫密封和浮环密封的显著特点，该密封具有泄漏量小，耗能低、使用寿命长等优点。

从结构特点看，有单端面、双端面、平衡型和非平衡型等多种形式，但按组成讲，它主要有以下 4 个基本单元组成：

① 密封单元　即由动环和静环组成的密封端面，这是机械密封的核心；

② 缓冲补偿单元　以弹簧为主要元件而组成的缓冲补偿机构，它是维持机械密封正常工作的重要条件；

③ 传动单元　由轴套、键或固定销钉组成的传动机构，它是实现动环随轴一起旋转的可靠保证，也是实现动密封的前提条件；

④ 辅助密封单元　由动环密封圈和静环密封圈等元件组成，它是解决密封端面之外的、有泄漏可能的部位的辅助性密封机构，是机械密封不可缺少的组成要素。

机械密封是流体密封技术中很有发展前途的一种密封形式，目前已用于压力为 5.9MPa，端面滑动速度为 80m/s 的场合，这一应用范围基本可满足大多数生产工艺条件的要求。

9. 机械密封装置的密封原理是什么?

为了说明机械密封装置的密封原理，我们首先分析一下机械密封可能产生泄漏的路线。如果压缩机配置的轴端密封为如图 3－12 所示的单端面机械密封，则气体介质可沿以下路线泄至机外。

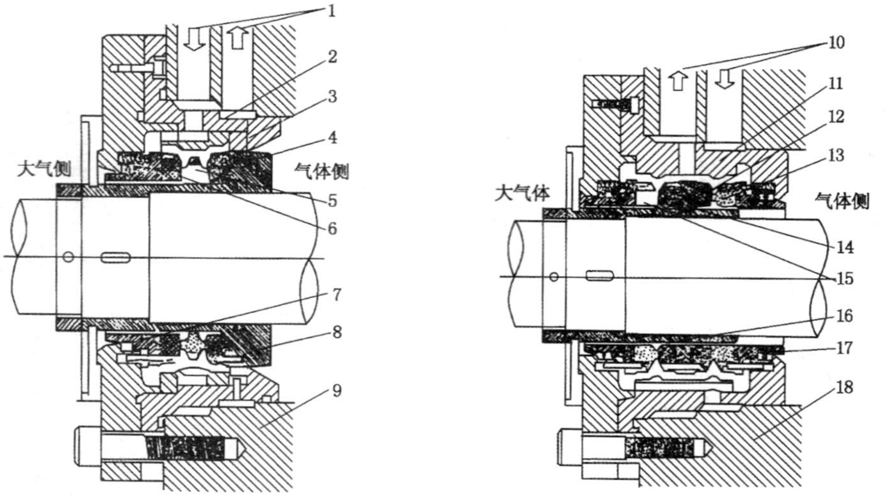

a) 单端面机械密封剖面图　　b) 双端面机械密封剖面图

图 3－12　机械密封结构图

1、10—密封油供排油孔；2、11—密封罩；3—浮动环密封；4—旋转侧密封环；5—碳精环；6—静止侧密封环；7、17—保持环；8、16—轴套；9、18—压缩机机壳；12—大气侧密封环；13—大气侧碳精环；14—气体侧密封环；15—大气侧碳精环

① 沿轴套与轴的配合间隙漏至机外；

② 沿密封套与机壳构成的间隙泄至机外；

③ 沿浮动密封环与轴套间构成的间隙以及浮动密封环侧面与密封套构成的间隙泄至机外。

从上述分析可以看出，气体介质要泄至机外，必须经过上述3条路线。因此，要防止气体介质外漏，应采取有效密封措施，搞好这3条泄漏路线的密封。从图中可以看出，第1条和第2条泄漏路线，由“O”形密封圈密封，因密封元件无相对运动，所以称它为静密封。

浮动密封环与轴套间以及浮动密封环与密封套间，均存在着相对运动，故称它为动密封，动密封的功能是在下列条件下实现的：

① 由机外向密封腔连续不断地提供密封油，其压力较气体介质高约0.02MPa；

② 浮动密封环在密封油压力的作用下，紧贴在密封套的侧面上，从而使浮动密封环与密封套侧面的密封得到实现；

③ 作旋转运动的轴套，带动浮动密封环与其间隙内的密封油一起旋转，并形成具有承载能力的密封油膜，轴套与浮动密封环间的间隙由此得到密封；

④ 由动密封环、浮动环和静密封环组成的密封面，主要是封死密封油的泄漏，并在密封油润滑性能和冷却效应的作用下，改善其运行条件。

综上所述可以看出，这种形式的单端面机械密封，其端面密封的不是介质气体，而是密封油。气体介质则由浮动密封环密封。

双端面机械密封，其端面的密封任务，具有两方面的意义，尤其靠气体介质侧的端面，它一方面要封死密封油不得漏至气体介质内，同时也防止气体介质由此处漏出。详情读者可结合图 3－12 作进一步分析。

10. 抽气密封装置的组成和密封原理是什么？

抽气密封常与迷宫密封联合应用，其结构如图 3－13 所示。轴端迷宫密封，经设计组合成 C、B、A 三个密封腔，C、B 密封腔通过平衡管与气体入口联接，使出入口两端相应密封腔的压力保持平衡；漏至外密封腔 A 的气体介质，经抽气系统将其送到指定地点排放或另行处理，从而达到轴端泄漏为零的密封效果。

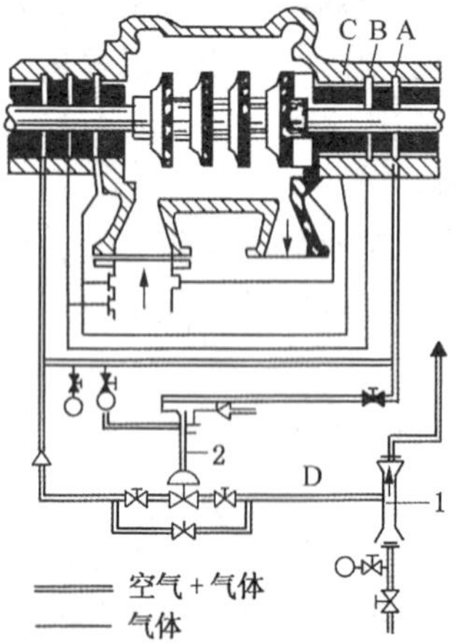

图 3－13 抽气密封装置
1—引射器；2—压力控制器

抽气密封装置的正常工作，需要有参数符合要求的动力气源，该气源可来自压缩空气、蒸汽和被压缩的气体介质。

11. 为什么提倡润滑油和密封油分开？

对要求较高的、不允许泄漏的介质，其压缩机一般采用机械密封。机械密封动静环之间为了减小摩擦，同时带走摩擦热，需要注入密封油。但密封油要与工艺气体相接触，会使工艺气串入或吸附到密封油中。

虽然密封油回油要进行脱气后进入油箱，但仍有部分吸附气体会带入油箱，长期积累会造成润滑油的污染。污染的润滑油会使其主要指标发生改变，严重影响机组进行的安全性和可靠性，也会造成在轴瓦等部位积炭，影响机组运行时的机械状态。

12. 螺旋密封装置的结构和密封原理是什么？

螺旋密封属于动力密封，也叫螺旋粘滞性密封，它是在高速旋转轴的密封部位的表面上加工出螺旋槽，如图 3–14 所示。当轴作高速旋转运动时，螺旋槽对充满其间的粘滞性流体，产生泵送作用，建立起一定的密封压力，该压力与流体介质压力方向相反，是介质外泄的阻力，当这一阻力与介质压力达到平衡时，便可阻止流体介质泄漏至机外。如果被密封介质为液体，则螺旋粘滞性密封便可直接应用。当被密封的流体为气体时，需要采取以下措施方可有效。

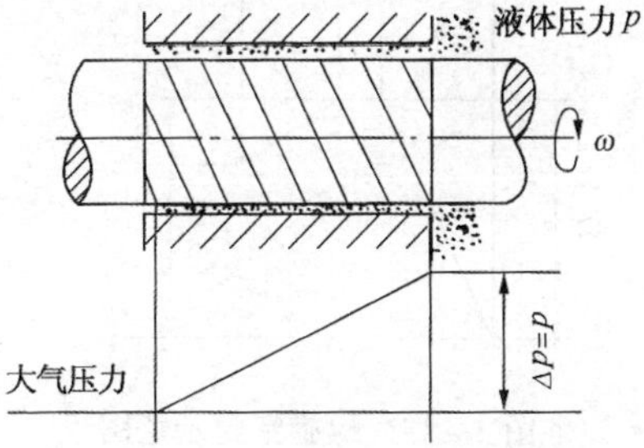

图 3–14　螺旋密封示意图

① 在轴的密封部位的表面上，加工出方向相反的两段螺旋槽，如图 3–15 所示，两段螺旋槽中间，加工成直径小于螺旋槽外径的光滑柱体。

② 密封体配置密封油进出口。

③ 设计配备一套密封油供给系统，为密封腔提供压力、温度、流量适宜的密封油。

上述措施完成后，转子再以高速旋转时，轴表面方向相反的两段螺旋槽，对密封油产生方向相反的泵送作用，并向中间光滑段聚集，于是在两段螺旋槽中间的光滑段，便形成了具有一定密封能力的封油环，当封油环的密封能力 $\Delta p_{外}$，等于气体介质压力 p 加内侧螺旋槽产生的增压 $\Delta p_{内}$ 之和时（即 $\Delta p_{外} = p + \Delta p_{内}$），便形成了动力平衡，这种动力平衡，是螺旋密封用于气体密封的重要条件。

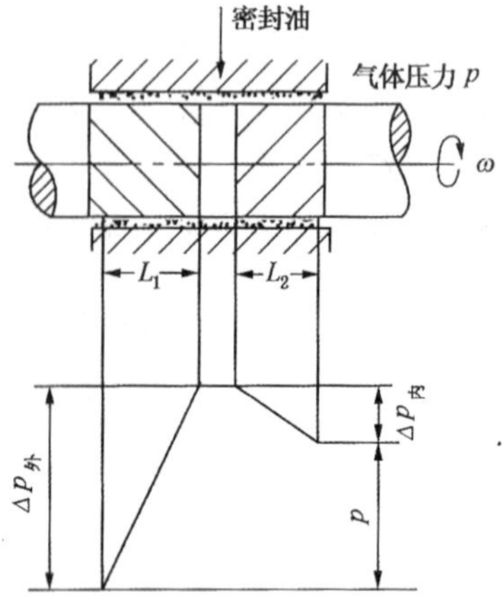

图 3－15　螺旋密封示意图

（用于气体）

13. 轴端密封有哪些新技术？其结构特点和作用原理是什么？

轴端密封是离心式压缩机的设计、制造以及使用单位需要认真考虑的一个技术性问题。迷宫密封和浮环密封，是离心式压缩机轴端密封的成熟技术。但是这种密封需要较长的轴向位置、复杂的供油系统以及对转子运行干扰较大等缺点。针对上述问题，现已设计试用了几种可靠性好、泄漏量少、能耗低的新形密封，现介绍如下。

(1) 气体密封

气体密封是一种以气体介质作润滑剂的非接触式密封，通过密封元件结构的巧妙设计及其性能的发挥，可使泄漏减少至最低程度。结构如图 3－16 所示，其特点和密封原理为：

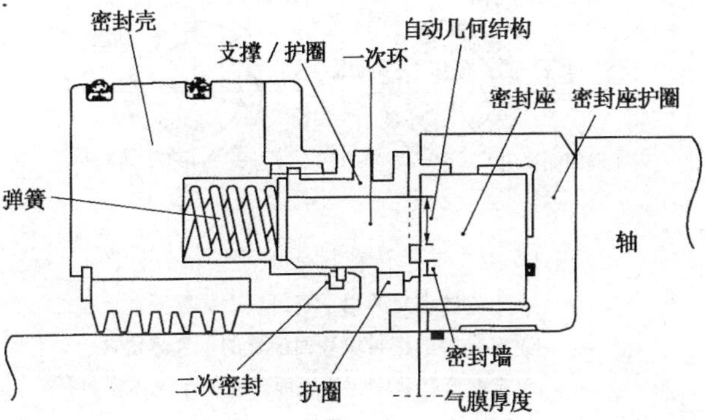

图 3－16　气体密封结构图

① 密封座与转子相对固定，在密封座与一次环相对的端面上(即一次密封面)，设计出有如图 3－17 所示的密封块和密封坝，这些尺寸大小不同、形状各异的密封块，当转子高速旋转时，使注入其间的气体产生一种压力，从而将一次环推开，形成了气体润滑，减轻一次密封面的磨损，并可阻止气体介质泄漏至最低限度。密封坝用于停车时阻止气体外漏；

② 一次环、一次环护圈和一次环支撑组成静密封组件，该组件在弹簧力的作用下，可沿轴向跟随密封座移动，从而保持一次密封面间的最小间隙。

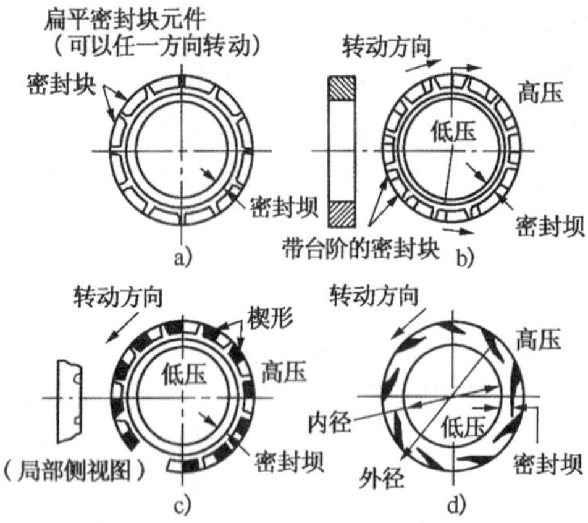

图 3－17　干运转密封公用面结构设计图

a) 干气体密封的扁平密封块表面配置；

b) 有台阶的密封块表面配置的干气体密封；

c) 有楔形鞋状密封块表面配置的干气体密封；

d) 干气体密封的螺旋槽表面配置

③ 这种密封需要一个稳定的密封气源，它可以是介质气体，也可用惰性气体。不论采用哪种气体，都必须经过过滤，成为干净的气体。

(2) 磁流体密封

磁流体密封是一种非接触式密封，这种密封装置不仅转子运行时有密封功能，就是在转子停运后，仍可维持密封性能。结构如图 3－18 所示，其结构特点和密封原理如下。

① 密封装置由 12 块永久性磁铁，沿密封轴颈均布而构成，磁铁块与轴颈保持一定间隙。

② 在间隙内注入磁流体，注入量为间隙体积的 10 倍。

③ 磁流体在磁极和离心力的作用下，在间隙内形成密

封膜，从而实现磁流体密封。

(3) 螺旋槽气体密封

螺旋槽气体密封也是一种新形密封结构。如图 3－19 所示。该密封装置的结构特点和密封原理如下。

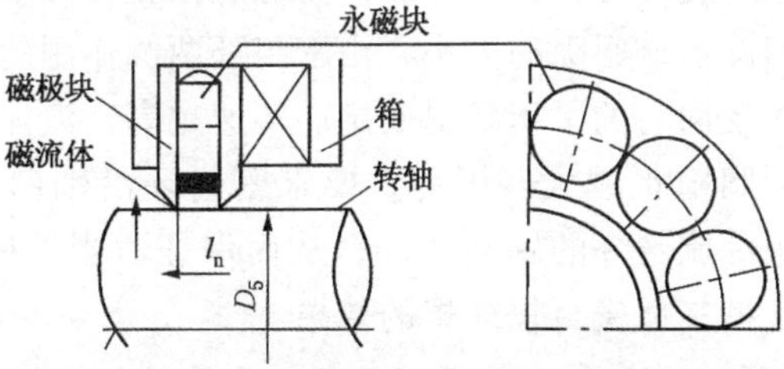

图 3－18　磁流体密封装置结构图

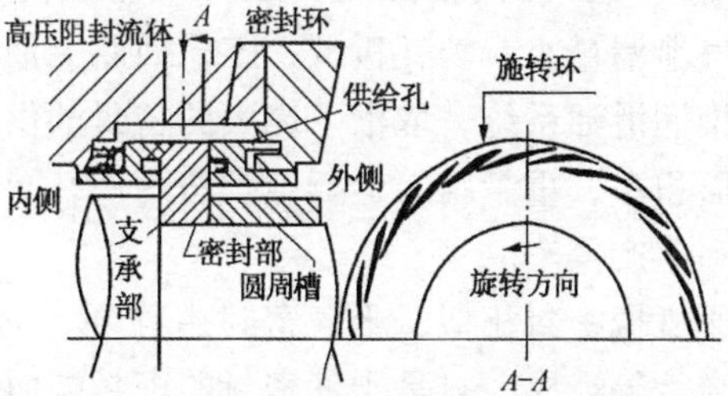

图 3－19　螺旋槽密封结构图

① 密封装置由密封环、旋转环等密封元件组成。

② 密封环的滑动面，特制了一个圆周槽，如图 3－20 所示，圆周槽空腔通过小孔与密封环外部沟通。该密封槽将密封环滑动面分成了两部分，圆周槽外径以外为支承部，其内径以里为密封部。

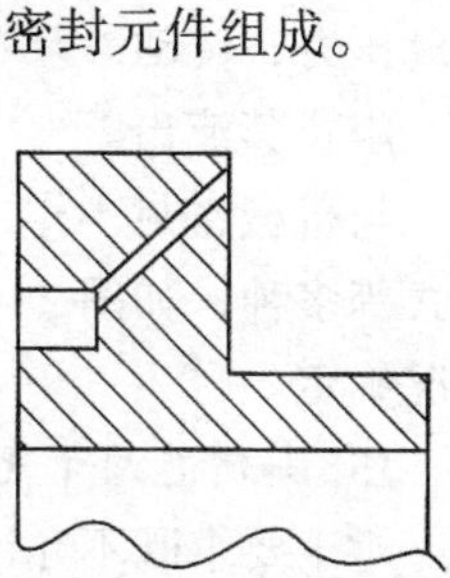

图 3－20　密封环示意图

③ 旋转环与密封环支承部相

配合的部位，制成如图 3－19 所示的螺旋槽。

④ 当转子以高速旋转时，由供气孔向密封环圆周槽内供气，该气体在旋转环螺旋槽的作用下，由里向外流动，并在螺旋槽部位形成流体膜，该流体膜给密封环以作用力，使密封环微离旋转环，微离间隙即为螺旋槽止推轴承间隙，也是密封间隙。该间隙的大小，由密封环两侧作用的弹簧力与流体膜的反向力的平衡状况而定。转速越高，流体膜反作用力越大，间隙也越大。因此，要求密封环沿轴向可自由移动，以跟踪旋转环的轴向微动，从而保证适当的密封间隙，达到螺旋槽气体密封较理想的效果。

14. 螺旋槽干气密封有何优点？其结构如何？

螺旋槽干气密封的优点是：运行可靠性高，使用寿命长，密封气泄漏量小，功耗极低，工艺回路无油污染，工艺气亦不污染润滑油系统，取消了庞大的密封油供给及测控系统，占地面积小，重量轻，运行维护费用低，减小了计划外维修费用和生产停车。

与普通机械密封相似，干气密封由静环、动环、“O”形密封圈、弹簧等组成。只是干气密封的密封端面加工有螺旋槽和其它类型的沟槽，使密封气在端面产生流体动压作用，形成压力，使动静环脱离，同时与泄漏气体的压力达到平衡，阻止其流出。

与机械密封一样，干气密封也分为单端面、双端面、串联式等多种，如图 3－21、图 3－22，根据现场情况及工艺情况确定。

15. 如何选用干气密封？

对于要求既不允许工艺气体泄漏到大气中，又不允许阻封气进入机内的情况，采用中间进气的串联式干气密封。普通串联式干气密封适用于少量工艺气泄漏到大气中的工况。大气侧的一级密封作为保险密封。

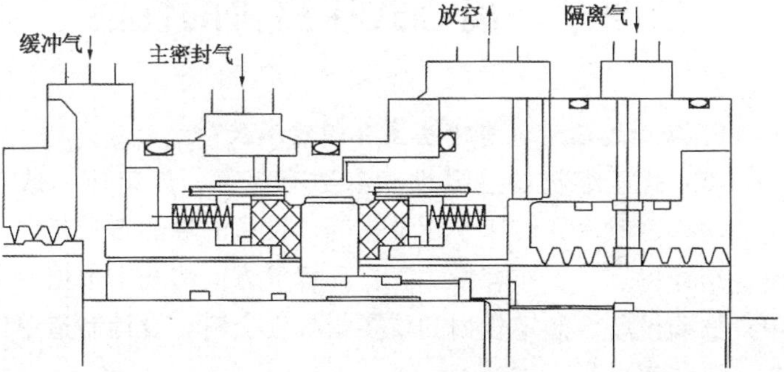

图 3-21　双端面干气密封

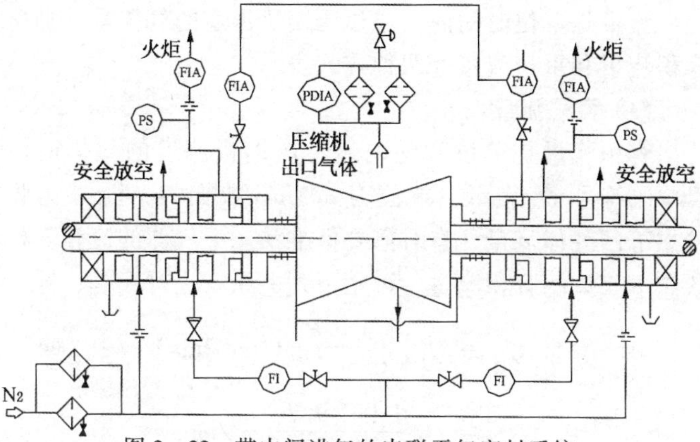

图 3-22　带中间进气的串联干气密封系统

对于允许气体少量泄漏到大气中，且无任何危害的工况，选用单端面干气密封。

对于不允许工艺气体泄漏到大气中，但允许阻封气泄漏到工艺气中的工况，选用双端面干气密封。

第四章　离心式压缩机的性能

1. 离心式压缩机有哪些主要性能参数？

离心式压缩机的主要性能参数有流量、出口压力或压比、功率、效率，转速、能量头等。设备的性能参数是表征设备结构特点、工作容量、工作环境等方面的基本数据，是用户选购设备、制定规划的重要指导性资料。设计制造单位务必要如实提供。

2. 流量的含义是什么？

流量是单位时间内，通过压缩机流道的气体量，通常以容积流量和重量流量等两种方式表示。

(1) 容积流量

容积流量是单位时间内通过压缩机流道的气体的体积量。以符号 Q_j 表示，单位为 m^3/min 或 m^3/h。上述为吸入状态下的气体流量，有时需要标准状态下气体的流量。标准状态下气体的容积流量，可用下列关系式进行换算，即

$$Q_N = Q_j \frac{273 \times P_j}{1.033 \times T_j}(Nm^3/min) \qquad (4-1)$$

$$Q_j = Q_N \frac{1.033 \times T_j}{273 \times P_j}(m^3/min)$$

式中　Q_N——标准状态下气体体积流量，Nm^3/min；

Q_j——吸入状态下气体体积流量，m^3/min；

P_j——入口绝压，MPa；

T_j——入口绝对温度，°K。

(2) 重量流量

重量流量是工艺计算中经常碰到的单位，如果已知气体的体积流量，则重量流量可用下式计算：

$$G = Q_j \times \rho_j \tag{4-2}$$

式中 G——气体介质重量流量，kg/s；

ρ_j——气体介质的密度，kg/m^3。

3. 压缩比的含义是什么？

气体压缩时，体积缩小而压力升高，在等温压缩过程中，不论压缩状态变化如何，其状态参数始终符合下式关系，即

$$p_1 v_1 = p_2 v_2 \tag{4-3}$$

将上式移项整理得：

$$p_2 / p_1 = v_1 / v_2 \tag{4-4}$$

式中 p_1——压缩机吸入压力，MPa；

p_2——压缩机排出压力，MPa；

v_1——吸入状态体积流量，m^3/min；

v_2——排出状态体积流量，m^3/min。

我们所说的压缩比，就是指压缩机排出压力与吸入压力之比，所以有时也称压力比或压比。压缩比越大，离心式压缩机所需级数就越多，其功耗也越大。

4. 能量头的含义是什么？

离心式压缩机的转子，在驱动机的拖动下高速旋转。高速旋转的转子，经叶轮将机械能传给流经叶轮流道的气体，并变为气体之内能，1kg 气体从叶轮中所获得的能量，通常都用下列方程表示：

$$h_{tot} = h_{th} + h_{df} + h_L \tag{4-5}$$

式中 h_{tot}——总能量头，J/kg；

h_{th}——理论能量头，J/kg；

h_{df}——轮阻损失能量头，J/kg；

h_L——叶轮漏气损失能量头，J/kg。

从(4-5)式可以看出，总能量头分为3部分，即理论能量头 h_{th}、轮阻损失能量头 h_{df}和叶轮漏气损失能量头 h_L。

理论能量头 h_{th}使气体静压能提高，即可将气体压力从叶轮入口的 p_1，升高到叶轮出口的 p_2。轮阻损失和叶轮漏气损失能量头，是气体在叶轮流道中的流动损失，因此，我们所说的能量头，一般系指提高气体静压能的能量头。它与离心泵理论中提到的扬程的概念相同。

5. 效率的含义是什么？

效率是表征离心式压缩机传给气体能量的利用程度，利用程度越高，压缩机的效率就越高。由于气体的压缩有多变压缩、绝热压缩和等温压缩等3种过程，因此，压缩机的效率，也有多变效率、绝热效率和等温效率之分。

(1) 多变效率

多变效率是指气体在多变压缩过程中，压力由 p_1 增至 p_2 所获得的有效功与实际消耗功之比，即

$$\eta_{pol} = \frac{h_{pol}}{h_{tot}} \tag{4-6}$$

式中 η_{pol}——多变效率，%；

h_{pol}——多变压缩过程有效功，J；

h_{tot}——实际消耗功，J。

在多变压缩过程中，气体压力与体积参数之间的关系可用下列方程表示：

$$p_1 V_1^m = p_2 V_2^m \tag{4-7}$$

式中　m——多变指数。

多变指数 m 和绝热指数 K 之间，有如下关系：

$$\eta_{pol} = \frac{m}{m-1} \Big/ \frac{K}{K-1} \tag{4-8}$$

由公式(4－8)可以看出，如果多变指数 m 和绝热指数 K 为已知，则多变效率 η_{pol} 即可求出。同时也可用多变指数 m 与绝热指数 K 的关系曲线查出。图 4－1 为多变指数与绝热指数的关系曲线。

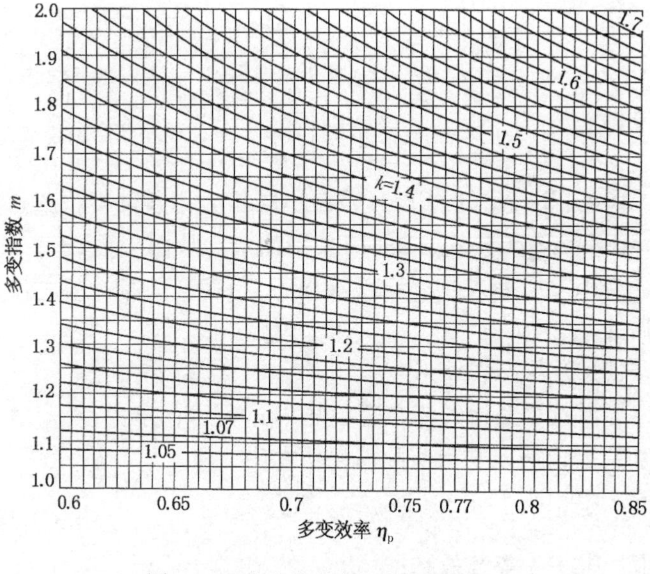

图 4－1　多变指数与绝热指数关系

(2) 绝热效率

绝热效率是指气体在绝热压缩过程中，压力由 p_1 增至 p_2 时，气体所获得的有效功与实际消耗功之比，即

$$\eta_{ad} = \frac{h_{at}}{h_{tot}} \tag{4-9}$$

式中 η_{ad}——绝热效率,%;

h_{at}——绝热压缩过程有效功，J。

在绝热压缩过程中，气体压力和体积参数有如下关系：

$$P_1 V_1^K = P_2 V_2^K \tag{4-10}$$

式中 K——绝热指数。

根据有关资料证明，多变效率与绝热效率之关系可用下式表示：

$$\eta_{a1} = \frac{\left(\frac{p_2}{p_1}\right)^{\frac{K-1}{K}} - 1}{\left(\frac{p_2}{p_1}\right)^{\frac{K-1}{K\eta_{pol}}} - 1} \tag{4-11}$$

图 4-2 是空气($K=1.4$)在不同压力比条件下，绝热效率 η_{ad}与多变效率 η_{pol}之间的关系曲线。从图中曲线可以看出，当压力比不大时，绝热效率 η_{ad}与多变效率 η_{pol}之值是接近的。

(3) 等温效率

等温效率是指气体在等温压缩过程中，压力由 p_1 增至 p_2 所需要的有效功与实际消耗功之比，即

$$\eta_{is} = \frac{h_{is}}{h_{tot}} \tag{4-12}$$

式中 η_{is}——等温效率；

h_{is}——等温压缩过程有效功，J。

在等温压缩过程中，气体介质的温度始终保持不变，气体压力和体积的关系，可用下列方程表示：

$$p_1 V_1 = p_2 V_2 = 常数 \tag{4-13}$$

等温压缩是一种理想的过程，是耗功最少、效率最高的压缩过程。但是，实际并不存在这种过程，因此，它只是一种理论分析方法，而不能教条地用于生产实践。

6. 有效功率的含义是什么？

叶轮对气体作功，使气体获得能量头，同时由于叶轮内漏和轮阻的存在，也产生了叶轮漏损能量头和轮阻能量头。

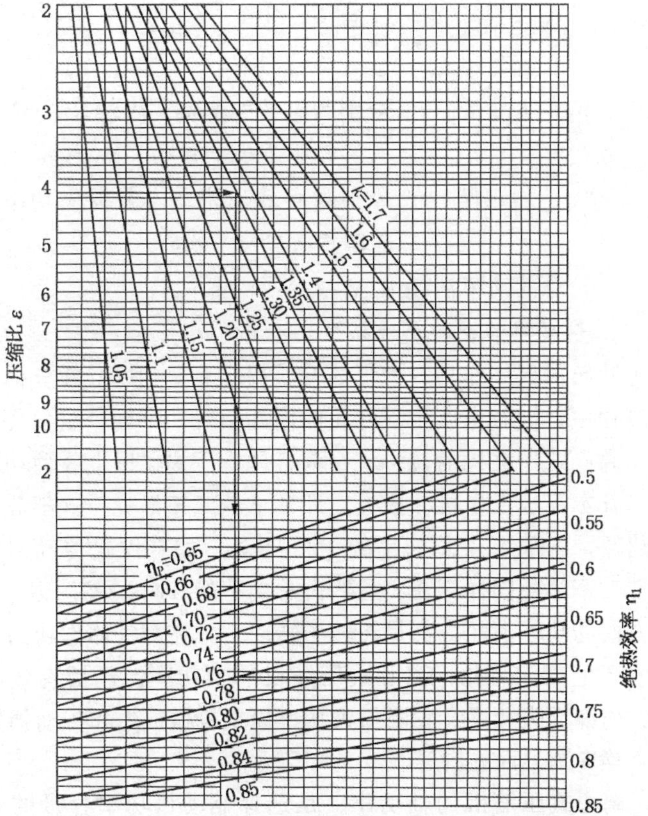

图 4-2　绝热效率与多变效率之间的关系

这样叶轮在输送气体时，对每公斤气体所作的功、就有有效功、内漏损失功和轮阻损失功等 3 种功耗。3 种功耗之和为总功耗，同样地，叶轮对流过的单位质量气体所消耗的功率，也有有效功率、内漏损失功率和轮阻损失功率之分。不同的功率具有不同的意义，且有自己独立的计算方程，即

$$N_{th} = Gh_{th}/102$$

$$N_1 = Gh_1/102$$

$$N_{df} = Gh_{df}/102$$

式中 h_{th}、h_1、h_{df}——分别为有效能量头、内漏损失能量头和轮阻损失能量头，Nm/kg；

N_{th}、N_1、N_{df}——分别为有效功率、内漏损失功率和轮阻损失功率，kW。

叶轮总的功率消耗为 $N_{tot} = N_{th} + N_1 + N_{df}$。

7. 轴功率的含义是什么？

叶轮对气体作功，为气体升压提供有效功率。在气体升压过程中，同时也产生了叶轮的内漏损失功率和轮阻损失功率。离心式压缩机的转子，在为气体升压提供以上 3 种功率时，其本身也产生机械损失，即轴承的摩擦损失，这部分功率消耗，一般要占总功率的 2% ~ 3%。如有齿轮传动，则传动功率消耗同样存在，且约占总功率的 2% ~ 3%。以上 5 个方面的功率消耗，都是在转子转动，并在对气体作功的过程中产生的。因此，离心式压缩机的轴功率，包括有效功率、内漏损失功率、轮阻损失功率以及机械损失和传动损失功率等 5 个方面的内容。

离心式压缩机的轴功率，是选择驱动机功率容量的依据，一般情况下取原动机功率为轴功率的 1.05 ~ 1.10 倍。

8. 离心式压缩机的重要特征参数有哪些?

(1) 流量系数 ϕ

流量系数表示压缩机级的运动状态，表示被压缩气体的特性流速对机器特征速度的关系。

$$\phi = \frac{\dot{V}_s}{\frac{\pi}{4}d_2^2 u_2}$$

式中 $\dot{V}_s$——吸入口的体积流量，m^3/s；

u_2——叶轮出口的圆周速度，m/s；

d_2——叶轮出口直径，m。

一般离心压缩机叶轮 $\phi = 0.01 \sim 0.15$。

(2) 能头系数 ψ

能头系数表示压缩机级的动态特征。可以理解为叶片传递给单位质量流体的无量纲功。

$$\psi = \frac{2h_p}{u_2^2}$$

式中 h_p——多变能头，kJ/kg。

对于有后弯叶片的叶轮的压缩机级 $\psi = 0.8 \sim 1.1$；

对于有 90°出口叶片叶轮的压缩机级 $\psi = 1.3 \sim 1.45$。

(3) 马赫数 Ma

马赫数意义为叶尖速度和标准状态下声速的比值。

$$Ma = \frac{u_2}{a_s}$$

式中 a_s——声速，m/s。

(4) 雷诺数 Re

表征流体的动力特征，意义为作用于流体上的惯性力和指定参考状态下的粘性力的比值。

$$Re = \frac{u_2 d_2}{Y_s v_s}$$

式中　Y_s——动力粘度；Pa·s；

v_s——比容，m^3/kg。

9. 气体压缩的热力过程有几种？

气体在压缩过程中，由于热力状态的不同，可分为等温压缩、绝热压缩和多变压缩等3种热力过程，其特点分别为：

① 等温压缩过程　气体在等温压缩过程中，其温度始终保持不变，气体状态方程为：

$$p_1V_1 = p_2V_2 = 常数 \tag{4-14}$$

等温压缩过程所消耗的理论功率为：

$$N_i = 1.634p_1V_1\ln\varepsilon \tag{4-15}$$

式中　N_i——等温压缩理论功率，kW；

p_1——吸入状态压力，MPa；

V_1——吸入状态体积容量，m^3/min；

ε——压力比，$\varepsilon = P_2/P_1$；

p_2——压缩机排出压力，MPa。

② 绝热压缩过程　气体在压缩过程中，与外界没有热交换，气体状态方程为：

$$p_1V_1^k = p_2V_2^k = 常数 \tag{4-16}$$

绝热压缩过程所消耗的理论功率为：

$$N_T = 1.634p_1V_1\frac{K}{K-1}(\varepsilon^{\frac{K-1}{K}} - 1)$$

$$= p_1V_1\phi \tag{4-17}$$

$$\phi = 1.634\frac{K}{K-1}(\varepsilon^{\frac{K-1}{K}} - 1)$$

ϕ值也可用图4-3查得。

③ 多变压缩过程　气体在压缩过程中，与外界有热交换，其状态方程为：

$$p_1 V_1{}^m - p_2 V_2^m = 常数 \qquad (4-18)$$

多变压缩过程消耗的理论功率为：

$$N_p = \frac{1.634 p_1 V_1 \frac{m}{m-1}\left(\varepsilon^{\frac{m-1}{m}} - 1\right)}{\eta_p}$$

$$= p_1 V_1 \phi / \eta_p$$

式中　η_p——多变效率(由图 4-1 查得)；

ϕ 值由图 4-3 查得。

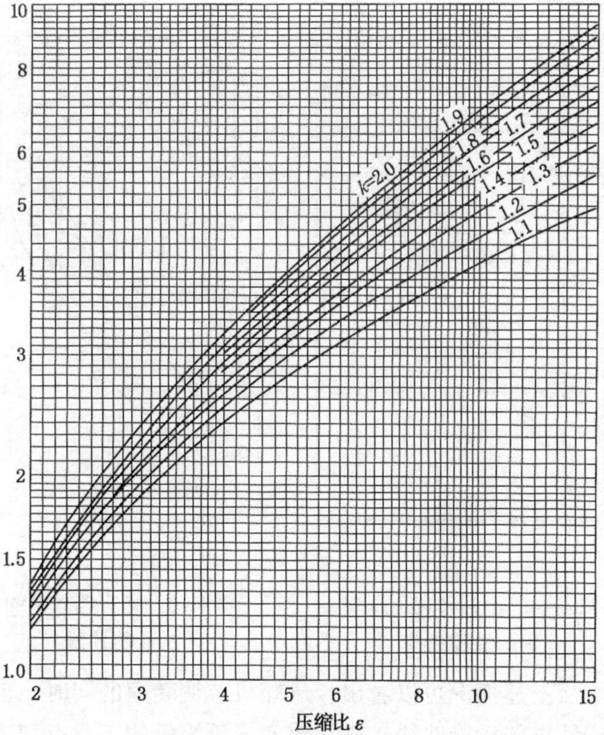

图 4-3　ϕ 值计算图

10. 转速对压缩机的性能有何影响?

压缩机的转速，具有改变压缩机性能曲线的功能，如果将压缩机的转速由 n_1 降至 n_2、n_3、n_4 和 n_5，则就得到如图 4－4 所示的一组性能曲线。为了便于了解性能曲线改变后，压缩机效率的变化情况，通常还在性能曲线图上，作出等效率曲线，如图 4－5 所示。通过这组性能曲线，说明压缩机转速改变，其性能曲线有相应变化，但效率是不变的，因此，它是压缩机调节方法的最好形式。

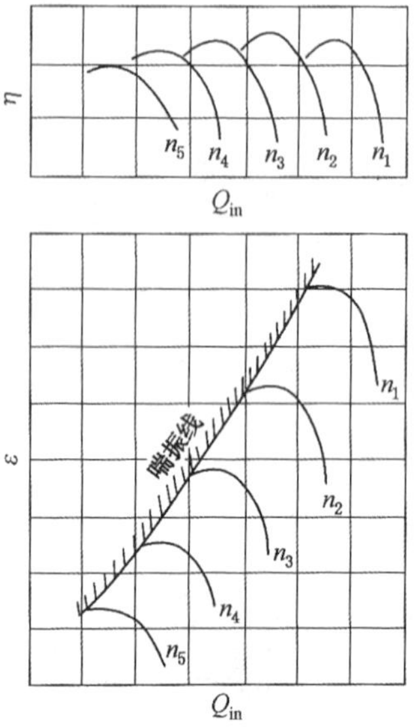

图 4－4 不同转速下压缩机的性能曲线

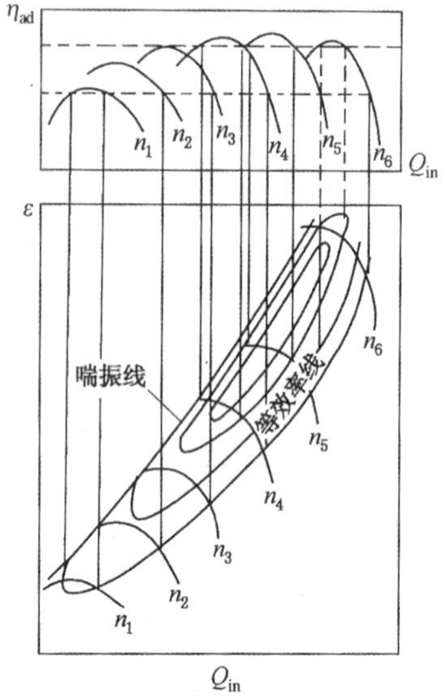

图 4－5 作有等效率线的性能曲线

从上述情况可以看出，压缩机改变转速的同时，也改变了压缩机的性能曲线，进而改变了压缩机的工况点和工况参数。因此，它是压缩机调节方法之一。

11. 性能曲线包括哪些内容?

离心式压缩机的性能曲线，是全面反应压缩机性能参数之间变化关系的曲线，它包括气体流量 Q 与压比 ε 的关系曲线，流量 Q 与效率 η 以及流量 Q 与功率 N 的关系曲线。图 4-6 所示为某压缩机的一组性能曲线，从曲线特征可以看出，随着气体介质流量的增加，压比曲线由缓慢下降变为陡降，功率和效率曲线由上升、持平到缓慢下降，效率曲线的持平段为压缩机的最佳工况区，压缩机的工况点应落入该区段，这样压缩机的运行效率才能达到最佳状态。

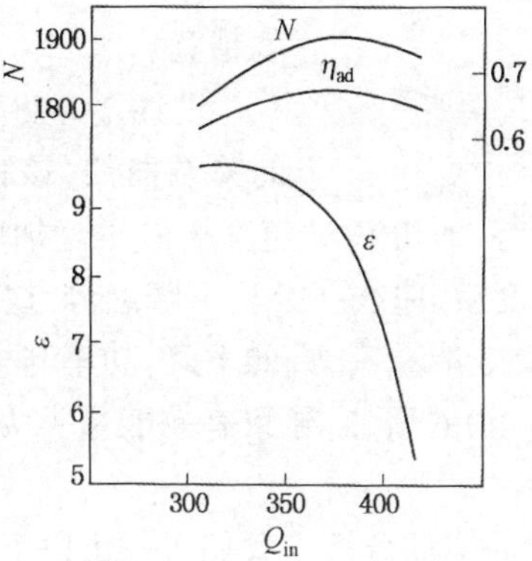

图 4-6 某压缩机性能曲线

12. 如何从性能曲线分析压缩机的特性?

压缩机的性能曲线能形象的表示出压缩机性能的特征。图 4-7 为某压缩机的一组性能曲线，曲线 1 为压力比 ε 与流量 Q 的关系曲线，从曲线的形状可以看出：

① 压力比 ε 随流量 Q 的增加而降低。

② 入口流量 Q_j 小于压缩机喘振流量 Q_{min}时，压缩机发生喘振现象，因此，应避免在此区间运行。

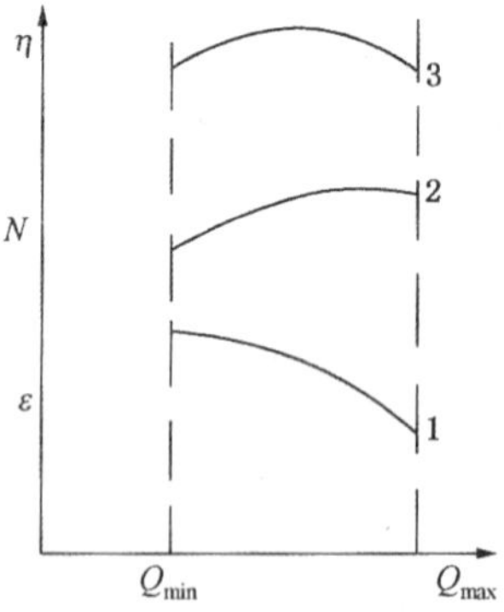

图 4－7　压缩机性能曲线

③ 入口流量 Q_j 大于压缩机的滞止流量 Q_{max}时，压缩机产生滞止工况，这也是应避开的危险工况区。

④ 喘振流量 Q_{min}与滞止流量 Q_{max}之间，为压缩机稳定工况区，如果用 Q_{max}/Q_{min} 作为压缩机的稳定工况系数，则该值越大，压缩机的稳定工况区就越宽。

曲线 2 为功率 N 与流量 Q 的关系曲线，该曲线随流量 Q 的增加呈上升趋势，即功率 N 随流量 Q 的增加而增加，但流量 Q 增加到一定程度后，曲线 2 又呈下降趋势，这是因为流量 Q 的增加，会导致有效能量头 h_{th}的下降，功率与 Gh_{th}成正比，因此，当流量 Q(即 G)的增加，导致有效能量头 h_{th}大幅下降时，功率又开始变小。

从上述性能曲线的分析，我们可得出以下结论：

① 压缩机的稳定运行范围，在喘振流量 Q_{min}和滞止流量 Q_{max}之间；

② 压缩机的最佳工况范围，在最大效率 η_{max}的附近；

③ 禁止压缩机在小于喘振流量 Q_{min}和大于滞止流量 Q_{max}的状态下运行。因为这是一种不稳定的运行状态，对设备的使用寿命有直接影响。

第五章　离心式压缩机与管网

1. 什么叫管网？它的组成要素是什么？

管网是离心式压缩机实现气体介质输送任务的管道系统，位于压缩机入口之前的称吸入管道，位于压缩机出口之后的称为排出管道，吸入和排出管道之和为一完整的管道系统，通常称它为管网。

管网一般均由管线、管件、阀门和设备等4大要素组成。详见图5-1。

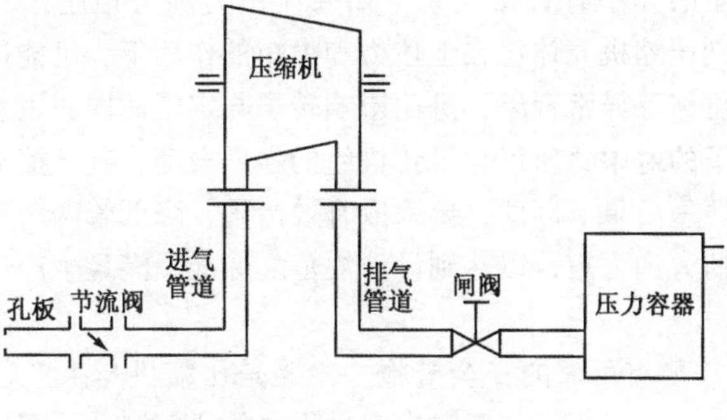

图5-1　管网示意图

2. 对管网的要求是什么？

气体介质输送任务的完成，一方面要求压缩机有可靠的工作性能，同时管网也要满足以下要求：

① 管网内要保持干净清洁　管网是气体介质输送的通道。如管网内有焊渣，铁屑和其他杂质存在，一旦被高速气

流带至压缩机内，这对压缩机的叶轮、气封将产生严重的冲击。叶轮和气封在固体颗粒的冲击下，会因磨粒磨损而破坏，从而直接影响叶轮和气封的使用寿命，甚至还可能导致被迫停机，中途修理等故障。因此，压缩机欲取得长周期稳定运行的效果，管网必须保持干净清洁。

② 联接部位要有良好的密封性　离心式压缩机输送的气体介质，往往是易燃，易爆或有毒，有害气体，一旦泄漏将引起火灾、爆炸和环境污染等故障，甚至是人身伤亡等重大事故，所以要求管网各联接部位和钢管本身，均要有可靠的密封性能，以防上述事故的发生。

③ 作用于压缩机的力和力矩要在允许范围之内　离心式压缩机能否长周期平稳运行，这与管网对压缩机作用的力和力矩的大小有直接关系，如果作用力和力矩超过允许范围，则压缩机壳体将在上述力和力矩的作用下，可能产生变形、位移等异常现象，进而影响转子与定子的同心以及机组各转子的对中，所以会导致机组的强烈振动，甚至撞缸，断轴等严重后果。因此，要采取有效措施，降低管网对压缩机作用的力和力矩，以达到设计规范之标准，满足生产运行的要求。

④ 要有可靠的安全措施　管网是压缩机与生产装置的联通线，所以生产装置在生产过程中的任何波动，都将直接影响压缩机的稳定运行，甚至会引起压缩机喘振，阻塞或逆流等非正常现象。为避免或尽快排除这种不正常现象，则管网系统必须设置防喘振、防阻塞和防逆流等技术措施，以避免上述不正常状况的产生或进一步恶化。

3. 管网的基本形式有哪几种？可由什么通式表示？

管网是压缩机进气管道与排气管道之总称。为了便于分析问题，我们这里将管网视为只包括压缩机排气管道部分。气体介质经压缩机增压排至管网系统，并沿管网输送至目的处，所以压缩机与管网的关系是气体的供求关系。在这对供求关系中，压缩机不仅为管网提供需要的气体流量，而且还为管网提供输送气体的压力能，不同的管网需要不同的能量，具有不同的特性，然而均可用下列通式表示：

$$p = p_r + AQ^2 \tag{5-1}$$

式中 p——管网所需能量头，MPa(以压力表示)；

p_r——管网系统压力容器的内压，MPa；

A——管网阻力系数；

Q——管网内气体之体积流量，m^3/min。

分析管网通式可以看出，尽管管网会因工艺流程和设备布局而千差万别，但根据管网性能特征，可将其分为 3 种形式：

① 性能曲线为直线的管网　性能曲线为直线，说明管网所需能量与气体流量无关，如图 5-2 所示，当容器内保持压力 p_r 不变。设计工况下，压缩机出口闸阀全开，压缩机至容器的联接管道很短，管网阻力损失可略而不计，这种情况下，管网的性能可用图 5-3a)直线表示，直线在纵座

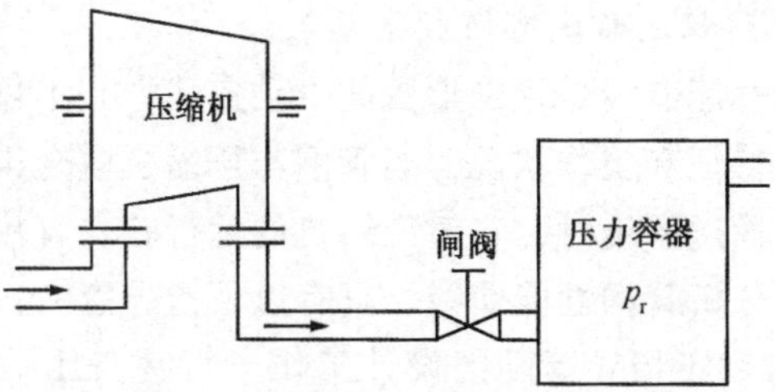

图 5-2　管网结构图

标上的截矩为 p_r；

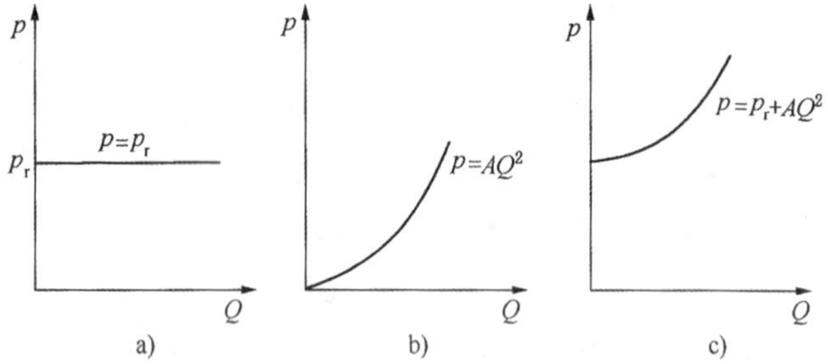

图 5－3　不同形式管网的性能曲线

② 性能曲线为通过座标原点的抛物线的管网　如果图 5－2所示的管网中，压力容器没有内压，它只是管道的联接部分，则管网输送气体所需的能量与气体流量的平方成正比，其性能为图 5－3b)所示的通过座标原点的抛物线。

③ 性能曲线为不通过座标原点的抛物线的管网　如果图 5－2 所示的管网中，压力容器仍需保持内压 p_r 不变，但管网中闸阀的开度在变小，显然，管网性能曲线不仅与压力容器的内压有关，而且与管网阻力有关，图 5－3c)所示即为这种管网的性能曲线。管网中闸阀开度越小，管网阻力损失越大，性能曲线变的越陡。

4. 管网性能曲线有何指导意义？

管网性能曲线是管网形貌的生动描述，它不仅反映了管网的结构特征和工作状况，当管网与压缩机联合构成一个密闭的气体输送系统时，它对压缩机的运行有着直接影响，因此，研究分析管网性能曲线，具有以下指导意义：

① 有利于指导管网的设计工作　管网与压缩机联合工作，共同完成气体介质的增压和输送任务，因此，管网的结

构设计、管件参数的选择要符合压缩机工作参数的要求，使压缩机能在最高效率范围内工作。图 5-4 为管网与压缩机联合工作性能曲线图，曲线 1 为管网性能曲线，曲线 2 为压缩机性能曲线，曲线 3 为压缩机效率曲线，管网与压缩机性能曲线交于 A 点，该点即压缩机的工况点，显然，此工况点位于压缩机高效率区，管网设计符合压缩机高效率工作的要求，因此设计是合理的。

② 有利于分析判断压缩机的运行状态，压缩机的运行状态不仅与其本身的性能有关，而且还受管网性能的直接影响，如果管网性能曲线交于压缩机性能曲线的右侧，则压缩机运行状态一般较为稳定，如图 5-5 所示，在此情况下，

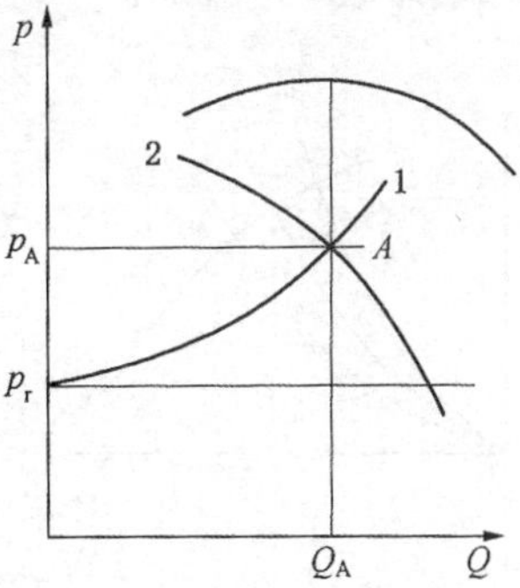

图 5-4 管网与压缩机联合工作性能曲线图

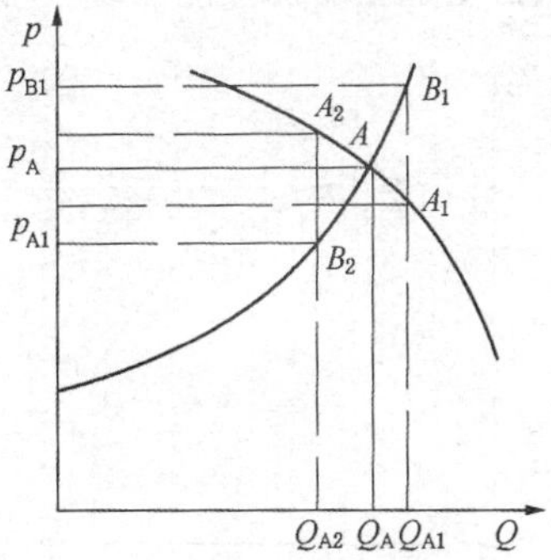

图 5-5 可稳定运行的管网

若系统流量在某些因素影响下，产生瞬间增大或减小，都会因系统本身阻力的变化，使其恢复原来工况，再度实现压缩机的稳定运行。比如系统流量瞬间由 Q_A 增加至 Q_{A1}，这时压缩机将气体增压至 p_{A1}，而管网输送所需要的压力为 p_{B1}，$p_{B1} > p_{A1}$，即 $p_{B1} - p_{A1} = \Delta p$，显然，这一压差的存在增加了

气体流动的阻力，因此，系统流量将逐渐减小，直至回到原工况点为止。系统流量瞬间减小，其情况也是如此，这里不再叙述。如果管网性能曲线交于压缩机性能曲线左侧，如图5－6所示，则压缩机与管网系统便不能处于稳定的工作状态，因管网性能曲线已落入压缩机的喘振区，压缩机将产生喘振现象。因此，这种管网不能保证整个系统的稳定运行。

5．离心式压缩机工况点的概念是什么？

离心式压缩机与管网联接，构成一个密闭的气体介质的输送系统，压缩机与管网同时工作于这个系统，并使其性能曲线汇交于一点，该交点通称压缩机的工况点，也可被压缩机与管网的联合工作点，如图5－7所示的压缩机的工况点A，便是压缩机性能曲线1与管网性能曲线2的交点。

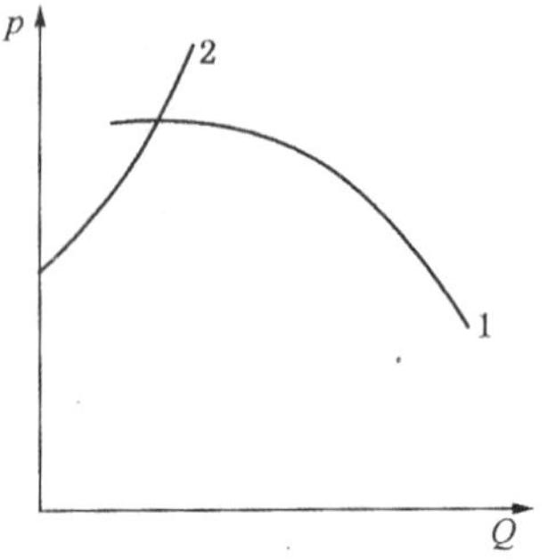

图5－6　稳定性很差的管网性能曲线

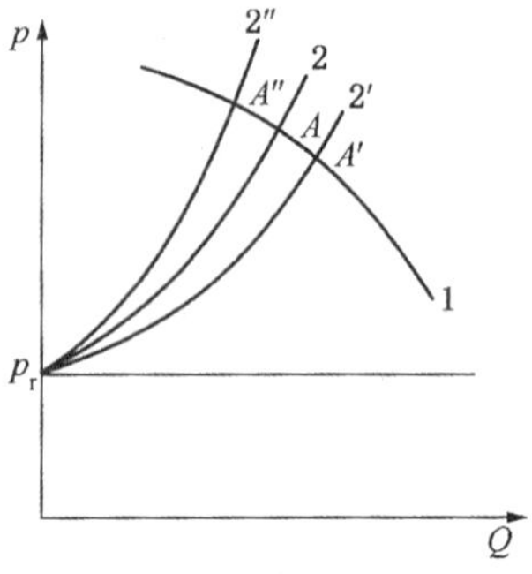

图5－7　压缩机工况点

压缩机工况点的位置不是固定不变的，它随管网性能曲线的移动而变化。如管网系统闸阀开度增加，管网阻力下降，管网性能曲线由位置2移至2′，并与压缩机性能曲线1交于A′点，该点是压缩机新的工况点，假如管网系统闸阀的开度不是增加，而是减小，则管网阻力随之增大，管网性能曲线由位置 2 移到了位置 2″，与压缩机性能曲线 1 交于 A''。此时，压缩机的工况点也由 A 移至 A''，并重新建立稳定的运行工况。

一般离心式压缩机均有一个最佳工况点(效率最高点)，当管网与压缩机联合工作时，管网与压缩机的性能曲线的交点，最好能落入压缩机效率最高区域，这是获得压缩机最佳运行效率的可靠保证。因此，在设计管网时，要充分考虑压缩机性能的这一特点，使管网性能曲线能交于压缩机性能曲线的最高效率段，从而保证压缩机处于最佳工况状态运行。

6. 离心式压缩机并联运行的意义是什么？其适用哪些场所？

离心式压缩机并联运行的流程如图 5－8 所示，其目的是增加气体流量，以满足生产工艺对流量的需求，它主要适用于以下情况：

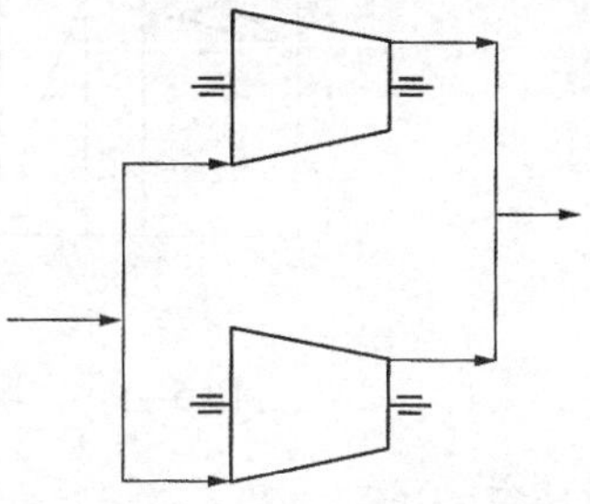

图 5－8　压缩机并联示意图

① 气体需用量很大。一台定形产品的设备不能满足气体流量的需求，制造新的能量更大的设备，暂时还无法实现，这时可考虑利用两台流量较小的压缩机并联使用，以满足生产工艺所需的气体流量。

② 原生产工艺改造，气体流量需要增加，而在用压缩机不能适应大流量的要求，此时可增加一台新的压缩机，使其与原有压缩机并联运行。

③ 气体用量经常大幅度地变动，两台压缩机并联运行，

其效果较为理想。用气量较小时，一台压缩机运行，另一台备用，气体流量需要增加时，两台压缩机并联运行。

压缩机并联运行是解决大流量供求矛盾的有效措施，用户可根据生产工艺特点、设备供货情况等因素，适当选择配置方案，做到建设投资少，运行效益高的良好效果。

7. 离心式压缩机并联运行应注意哪些问题?

离心式压缩机并联运行是解决大流量供需矛盾的有效措施，但投入生产运行时应注意下列问题：

① 并联运行的总流量不等于两台压缩机在同一管网单

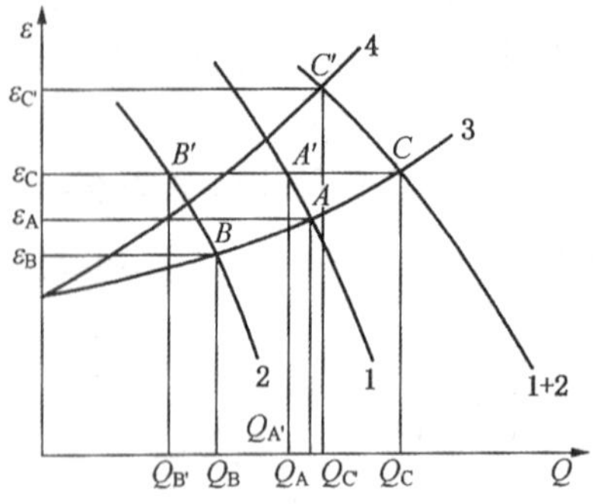

图 5－9　并联运行性能曲线

独运行的流量之和，图 5－9 为两台压缩机并联运行的性能曲线，图中曲线 1 为第一台压缩机性能曲线，曲线 2 为第二台压缩机性能曲线，并联运行的总性能曲线为 1＋2，管网性能曲线为 3。从图中可以看出，两台压缩机并联运行的工况点为 C，工况参数为 ε_C 和 Q_C，此时两台压缩机的工况点分别 A'和 B'，工况参数分别为 Q_A'和 ε_C，Q_B'和 ε_C，$Q_C = Q_A' + Q_B'$，假如两台压缩机分别单独在这一管网中运行，则第一台压缩机的工况点为 A，工况参数为 Q_A 和 ε_A，第二台的工况点为 B，工况参数为 Q_B 和 ε_B，显然，$Q_A + Q_B > Q' + Q'_B$，即 $Q_A + Q_B > Q_C$。由此可见，两台压缩机并联运行，其流量有所增加，但是它小于两台压缩机分别单独在同一管网运行时流量之和。

② 管网阻力增加，可能导致流量较小的压缩机产生喘振或不能输出气体的后果，图 5－9 中管网性能曲线 4，为管网阻力增加后，性能曲线 3 的变形。从图中可以看出，这时并联运行的工况点为 C′，而流量较小的第二台压缩机的运行状态，已越过最小流量进入喘振区，压缩机已无法正常的输送气体，此时第二台压缩机应停止运行。

③ 性能曲线相同，运行中转速产生差异时，转速低者，可能产生喘振现象，图 5－10 为性能曲线相同的两台压缩机并联运行时，由于转速差异对性能曲线的影响所产生的变化情况。当两台压缩机都在 100% 转速下运行时，其负荷分配相同(均为 Q)，运行状况较好，如果由于调速器的某些原因，使一台压缩机在 102% 的转速下运行，另一台在 98% 转速下运行，此时两台压缩机的输气量不同，一台为 Q'，而

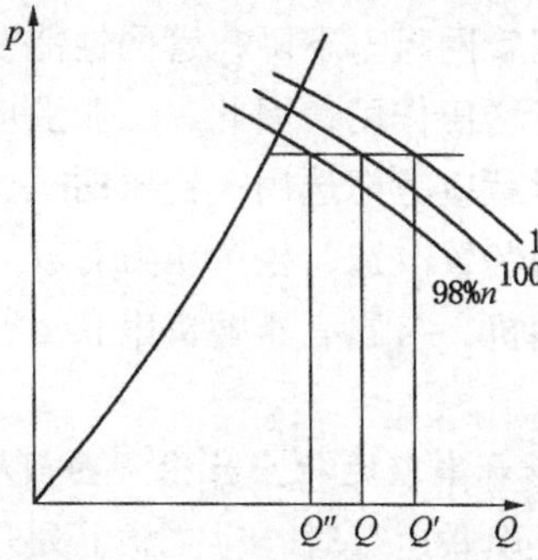

图 5－10　转速差异对性能的影响

另一台为 Q''，显然，Q''小于 Q'很多，因此，可能使转速较低，流量较小的压缩机产生喘振现象，对这一现象，要通过调速器维护调校予以解决。

8. 离心式压缩机串联运行的意义是什么？为什么生产上应用实例很少？

离心式压缩机串联运行,主要是解决生产工艺要求压力很高,或要求压力调节范围很大,而又选不到满足这一要求的系列产品,这时往往采用两台压缩机串联运行,来解决生产上这一技术难题。图 5-11 为两台压缩机串联运行流程,目前,企业生产中所用的两缸压缩机,就是压缩机串联运行的特例。

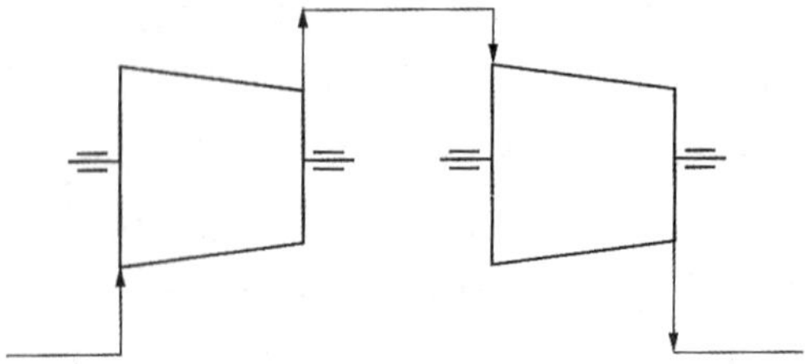

图 5-11 压缩机串联示意图

压缩机串联运行，为装置增加了复杂性，如果管网阻力不稳定，有时会因管网阻力下降，管网性能曲线移位，而导致第二台压缩机无增压作用，因此，工业上应用较少。一般新工程，在设计时就应考虑选用一台压缩机，来满足压力上的要求。如果是旧装置改造，生产压力有较大提高，这时可考虑增设一台压缩机，与原有压缩机串联运行，以满足改造工程的需求。

9. 离心式压缩机串联运行应注意哪些问题？

当两台压缩机串联运行时，应注意下列几个问题：

① 两台压缩机的协调问题 串联运行的两台压缩机，其重量流量相等，容积流量应符合如下关系式：

$$Q_{in\text{II}} = \frac{r_1}{r_2} Q_{in\text{I}} \tag{5-2}$$

式中 $Q_{in\text{I}}$、r_1——第一台压缩机入口气体的容积流量和容重；

$Q_{in\text{II}}$、r_2——第二台压缩机入口气体的容积流量和容重。

串联运行的第二台压缩机的压比，由如下公式换算：

$$\varepsilon_{\text{II}} = \frac{\varepsilon}{\varepsilon_{\text{I}}} \tag{5-3}$$

式中 ε——两台压缩机串联的总压比；

ε_{I}——第一台压缩机的压比。

根据公式(5-2)和(5-3)算出的容积流量和压比，来选择第二台压缩机的性能参数，以满足串联运行的协调关系。

② 串联运行不仅可提高压力，而且流量也有所增加 图 5-12 为两台压缩机串联运行的性能曲线。图中曲线 1 为第一台压缩机性能曲线。曲线 2 为第二台压缩机性能曲线，总的性能曲线为 1+2。如果压缩机经一段较短的管网与压力容器相联，且容器内压比要求由 ε_a 升到 ε_b，此时管网性能曲线，由截距为 ε 的水平线，平移到截距为 ε_b 之处，串联运行的工况点为 b，工况参数为 G，

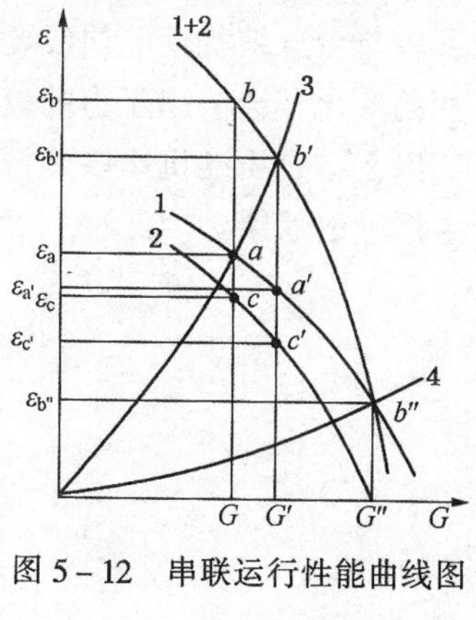

图 5-12 串联运行性能曲线图

ε_b（$\varepsilon_b=\varepsilon_a \cdot \varepsilon_c$）。第一台和第二台压缩机的工况点分别为 a 和 c，工况参数分别为 G、ε_a 和 G、ε_c。显然，压力比升高了，但流量并没有增加。

如果串联后，压缩机排出段联接一般管网，其性能为曲线 3，这时第一台压缩机的工况点为 a′，工况参数为 G'、ε'_a，第二台压缩机的工况点为 c′，工况参数为 G'、ε'_c，串联运行总的工况点为 b′，工况参数为 G'，ε'_b（$\varepsilon'_b=\varepsilon'_a\varepsilon'_c$）。显然，串联运行的这种工况，不仅压力比升高了，而且流量有所增加；

③ 管网阻力下降，可能导致第二台压缩机无增压作用的后果　当管网系统闸阀开度增加，管网阻力下降，则管网性能曲线将由位置 3 移到 4，并与总性能曲线 1+2 和第一台压缩机的性能曲线 1 交于同一点 b''，即第一台压缩机运行的工况点与串联后工况点相同，其工况参数均为 G''、ε_b，显然，第二台压缩机无增压作用，应停止运行，气体经旁路直接由第一台压缩机送至流程。

④ 总性能曲线较陡，两台压缩机串联运行的总性能曲线，较单台压缩机性能曲线要陡得多，因此，管网性能曲线位置的变化，会引起压力的较大幅度上升或下降。

以上，是压缩机串联运行时，应注意的问题，否则将会产生严重的后果。

第六章 离心式压缩机的操作与调节

1. 离心式压缩机启动前应做好哪些准备工作?

离心式压缩机的启动是机组投入生产运行的首要环节，启动工作进行的好坏，直接影响机组的长周期稳定运行。因此，以操作较为复杂的凝汽式汽轮机为例，应做好以下几方面的准备工作。

(1) 润滑系统的准备工作

① 启动润滑油箱加热器，将润滑油温度升至35~45℃之间。

② 启动润滑油主泵，使润滑系统进入循环状态，调节泵出口、轴承入口和调速系统的油压，使其达到操作指标要求。

③ 调试辅助油泵的自启动性能，使启动灵敏，控制启动参数符合给定指标。

④ 校验轴振动、轴位移的报警和联锁值，校验低油压停机联锁等保护系统的可靠性。

(2) 轴封系统的准备工作

① 启动封油箱加热器，将封油油温升至35~45℃之间。

② 启动封油主泵，使封油系统进入循环状态。调节泵出口和密封腔入口的油压，使其符合操作指标的要求。

③ 调试辅助封油泵自启动性能，使其达到启动灵敏，控制自启动参数符合给定指标。

④ 引密封气至密封腔前。

⑤ 轴封系统声光报警和停机联锁等保护措施调试合格。

(3) 真空复水系统的准备工作

① 复水器加水、启动复水主泵、建立复水系统的闭路循环。

② 调试辅助复水泵自启动性能，使其达到启动灵敏，控制自启动参数符合给定指标。

③ 汽轮机两端轴封给密封汽。开两级抽气器，逐步提高真空系统的真空度，使其达到 0.08MPa 以上。

(4) 工艺系统的准备工作

① 编好工艺系统流程，确认各部位阀门已处于工作状态，机壳和管线排凝。

② 主蒸汽管线排凝、引蒸汽至控制阀前。

③ 蒸汽压力、温度达到开机要求。

(5) 联合校验

以上 5 个方面的准备工作完成后，机组可按开车程序启动升速，直至转入正常运行。

2. 离心式压缩机的启动程序是什么?

当启动的准备工作就绪后，压缩机可按下列程序进行启动:

① 机组盘车、检查转子与定子有无摩擦、碰撞等异常现象，确认转子盘车灵活。

② 缓慢提升启动器手轮，使蒸汽快开阀，在两端动力油压差逐渐增大的情况，迅速打开，蒸汽进入调速汽阀室内。

③ 继续提升启动器手轮，二次油压产生，并对油动机滑阀施以作用力。当二次油压升至一定值时，滑阀在二次油压作用下，将动力油流至油动机活塞上腔的通道沟通，动力

油进入油动机活塞上腔，将调速汽阀打开，蒸汽经喷嘴进入汽轮机，机组开始旋转。

④ 当机组转速升至1000r/min时，稳定运行15min，检查机组振动、轴承温升、轴向位移、真空度、润滑油、封油以及主蒸汽的温度和压力等情况，确认无异常现象时，按程序往下进行。

⑤ 继续提升启动器手轮，机组转速不断增加，当转速接近临界转速时，加快启动器手轮的提升，使机组迅速越过临界转速，并在一定转速下稳定运行5min，检查机组各部位的振动、温升、位移以及压力等情况，确认一切正常后，下一步工作开始进行。

⑥ 再次提升启动器手轮，直至手轮提升至最高位置为止。至此，机组启动升速过程结束，启动器的使命也已完成。

⑦ 启动器作用结束后，调速器投入正常运行，发挥其速度调节功能，从此，机组转入生产运行。为确保压缩机长周期稳定运行，操作维护人员必须做到正确使用、精心维护、及时调节。避免机组在超温、超压、超转速及超负荷的情况下运行。

3. 离心式压缩机的停车步骤是什么?

离心式压缩机有正常停车和紧急停车两种情况，因此，停车也有正常和紧急两种步骤。

(1) 正常停车步骤

① 联系有关岗位，使其做好停车的准备工作，以便停车工作有步骤的进行。

② 降二次风压至0.02MPa，机组在基本转速下稳定运行。调速器由调速系统切除，用启动器手轮将机组转速降至临界转速以上。

③ 易燃介质压缩机出口改放火炬。

④ 手压危急遮断油门手柄，切断去油动机和蒸汽快开阀的动力油，快开阀和调速汽阀迅速关闭。汽轮机由惰走逐渐停机。

⑤ 打开压缩机入口放火炬阀，关压缩机出入口阀，将启动器手轮下旋至最低位置，定值给定器手轮提升至最高位置。

⑥ 停两级抽气器，复水器真空度回零后，停汽轮机轴端密封汽。关蒸汽进汽轮机总阀；

⑦ 压缩机入口和机体排凝；汽轮机打开疏水阀。

⑧ 停车后 1h 内，每 5 ~ 10min 盘车 1 次。1h 后，每 30min 盘车 1 次，每次盘车 180°，直至汽缸和轴承温度降至常温为止。

⑨ 停润滑油、封油和复水泵，关闭润滑油冷却器、封油冷却器以及复水器上下水阀门。

(2) 紧急停车步骤

① 手压危急遮断油门手柄，切断动力油至油动机和快开阀的通路，调速汽阀和快开阀迅速关闭，汽轮机缓慢停止运行。

② 启动器手轮下旋至最低位置，定值给定器手轮提升至最高位置。

③ 停两级抽气器，停汽轮机轴端密封汽。

④ 关压缩机出、入口阀，开压缩机入口放火炬阀。

⑤ 其他事宜按正常停车步骤处理。

4. 离心式压缩机的主要操作参数有哪些？

离心式压缩机在生产运行中，要定期检查和记录以下几方面的操作参数：

① 汽轮机操作参数　主蒸汽压力、温度、汽轮机排汽温度、汽轮机轴承进油压力和温度、轴瓦温度以及轴瓦回油温度和回油状况、汽轮机转速；

② 真空复水系统操作参数　复水器真空度，复水器液位，复水器上、下水压力，复水泵运行状况以及两级抽气器使用情况。对抽汽式，检查抽汽压力和流量。

③ 压缩机操作参数　压缩机一段入口、一段出口、二段入口和二段出口温度；一段入口、一段出口以及二段出口压力。轴承进油压力和回油温度、轴瓦温度以及回油状况、轴承振动和位移情况等。

④ 润滑系统操作参数　润滑油泵出口压力、油冷却器出口油温、油过滤器压降、动力油压力、润滑油进轴承压力、油箱液位、高位油箱以及各轴承回油情况、润滑油泵运行状态等。

⑤ 轴封系统操作参数　封油泵出口压力、油冷却器出口油温、油过滤器压降、封油与密封气压差、油箱液位、封油高位油箱和封油的回油情况、封油泵运行状态。

以上5个方面的操作参数，必须按时进行巡回检查，但不一定所有参数都作记录，各企业可根据设备使用情况及需要摘录其中部分参数。

5. 离心式压缩机喘振概念的含义是什么？

离心式压缩机在生产运行过程中，有时会突然产生强烈振动，气体介质的流量和压力也出现大幅度脉动，并伴有周期性沉闷的“呼叫”声，以及气流波动在管网中引起的“呼哧”、“呼哧”的强噪声，这种现象通称为压缩机的喘振工况，压缩机不能在喘振工况长时间运行。一旦压缩机进入喘振工况，操作人员应立即采取调节措施，降低出口压力，或增加入口流量，使压缩机工况点脱离喘振区，实现压缩机的稳定运行。

6. 喘振现象的特征是什么？

离心式压缩机一旦出现喘振现象，则机组和管网的运行状态，具有以下明显特征：

① 气体介质的出口压力和入口流量大幅度变化，有时还可能产生气体倒流现象。气体介质由压缩机排出转为流向入口，这是较危险的工况。

② 管网有周期性振荡，振幅大、频率低，并伴有周期性“吼叫”声。

③ 压缩机振动强烈，机壳、轴承均有强烈振动，并发出强烈的、周期性的气流声。由于振动强烈，轴承液体润滑条件会遭到破坏，轴瓦会烧坏，甚至轴扭断，转子与定子会产生摩擦，碰撞，密封元件将严重破坏。

7. 喘振与管网的关系是什么？

离心式压缩机与管网联接，构成一个密闭的气体介质输送体系，压缩机与管网同时工作于该体系，为气体介质的输送升压提供了必要的条件。如果压缩机在输送气体介质过程中，其流量不断减少，当压缩机进口流量减少到一定值时，则气体在叶轮流道内首先产生分离涡流；流量进一步减少，气体在叶轮流道内的分离涡流区进一步扩大，并形成严重的旋转脱离现象。气体流动状态严重恶化，压缩机排出压力大幅度下降，这时管网气体会倒流至压缩机，直至压缩机出口压力大于管网，压缩机又开始排出气体，气流在系统中产生的这种周期性振荡现象，通称为压缩机的“喘振”。

从上述分析可以看出，喘振不仅与叶轮流道中气体的旋转脱离有关，而且与管网特性有密切关系。管网容量愈大，喘振的振幅也愈大，振频愈低；管网容量愈小，则喘振的振幅就小、喘振频率愈高。

图 6－1 为压缩机与管网联合工作性能曲线图，管网性能曲线，随着管网阻力的增加，气体流量的减少，其位置由 1 逐渐左移到 2 和 3，工况点也由 S_1 移到 S_2 和 S_3，此时压缩机不会产生喘振，当气体流量进一步减少，管网性能曲线左移至位置 4 时，其工况点 S_4 已进入喘振区，压缩机开始在喘振工况下运行。

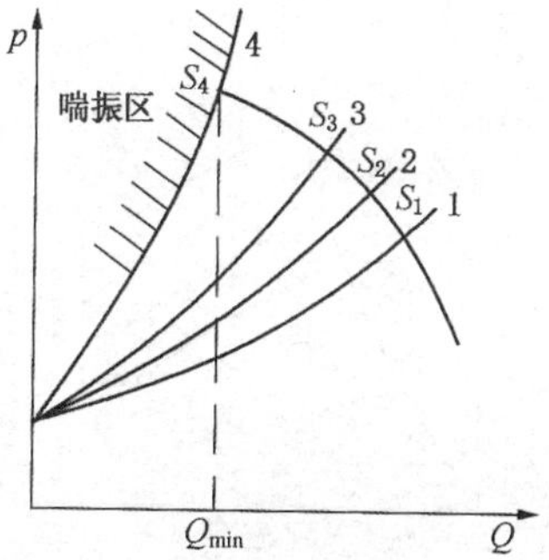

图 6－1　压缩机与管网联合工作性能曲线图

显然，压缩机流量的减少，叶轮流道内气体严重的旋转脱离是产生喘振的内因。随着流量的减少，管网性能曲线不断左移，并与压缩机性能曲线交于喘振区，于是喘振工况发生。所以，管网性能曲线左移是产生喘振的条件。

8. 防止喘振的条件是什么？

离心式压缩机的喘振工况，是在进口流量减少到一定程度时产生的，该流量通称压缩机的喘振流量，也是维持压缩机运行的最小流量，以 Q_{min} 表示之。为确保压缩机平稳运行，则进口实际流量 Q 必须大于最小流量 Q_{min}，即 $Q > Q_{min}$。

离心式压缩机可以在不同转速下工作，不同转速尚具有不同的性能曲线和相应的喘振流量 Q_{min}，如果将不同转速下喘振流量点，即喘振点联成一线，则该线就是压缩机的喘振线。图 6－2 为一台压缩机在 n_1、n_2、n_3 和 n_4 转速下的一组性能曲线，每一条性能曲线均有相应的喘振流量和对应的

喘振点 a_1、a_2、a_3、a_4。将这些喘振点联成一线，该曲线就是压缩机的喘振线，它接近一条抛物线，其方程为：

$$h_{pol} = KQ_{min}^2 \qquad (6-1)$$

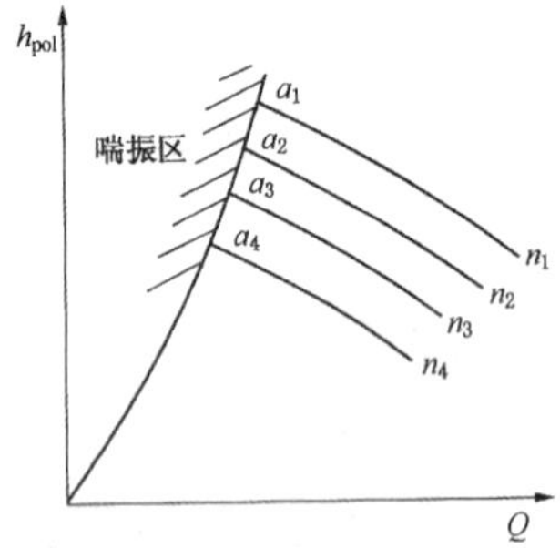

图 6-2　压缩机喘振线

式中　h_{pol}——压缩机多变能量头，J/kg；

Q_{min}——压缩机开始喘振的容积流量，m^3/h；

K——常数。

从上述分析可以看出：防止压缩机产生喘振的条件为：

$$Q > Q_{min} = \sqrt{h_{pol}/K} \qquad (6-2)$$

即压缩机运行中的流量 Q，要大于喘振流量 Q_{min}，这是压缩机保持稳定运行的先决条件，一般情况下，取 10% 的余量。

9. 离心式压缩机调节的任务和方法是什么？

离心式压缩机与管网联合工作，共同实现气体介质的输送任务。由于生产工艺和产品产量的变化。往往要求气体介质的流量或压力也有相应变化。调节的任务就是满足生产工艺对气体介质流量或压力的要求。由于生产工艺变化特点不同，所以对气体介质的参数也有不同要求。有些情况只要求流量改变，还有些情况只要求压力改变，也有要求流量和压力同时都改变的情况，针对生产工艺的这些具体要求，按照调节对象的不同，则调节任务又有等压力调节、等流量调节和比例调节等 3 种形式。

为了实现以上所述的调节任务,应了解和掌握以下调节方法:

① 压缩机出口节流调节法;

② 压缩机入口节流调节法;

③ 压缩机进口导叶调节法;

④ 扩压器叶片调节法;

⑤ 改变压缩机转速调节法;

⑥ 静叶角度调节法。

10. 等压力调节、等流量调节和比例调节的含义是什么?

① 等压力调节是指保持压缩机排气压力不变,只改变气体流量的调节。

② 等流量调节是指保持压缩机输送气体介质的流量不变,只改变排出压力的调节。

③ 比例调节是指保持压力比不变(如防喘振调节),或保持两种气体介质的容积流量百分比不变的调节。

11. 离心式压缩机出口节流调节的原理是什么?

出口节流调节是离心式压缩机常用的一种调节方法,图6-3和图6-4为这种调节方法的示意图和原理图。它是利用出口阀开度的改变,使管网性能曲线的形状和位置发生变化,从而改变压缩机工况点,实现气体介质参数的变化,以满足生产工艺的需求。

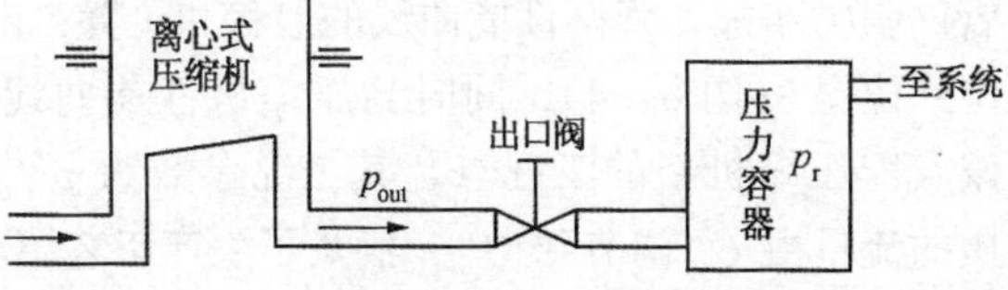

图6-3 压缩机出口节流调节示意图

由图 6－3 可以看出，压缩机出口至压力容器管线很短，管网阻力可忽略不计，即压缩机出口压力 p_{out} 等于容器内压力 p_r。此时，管网性能曲线为直线 2，压缩机性能曲线为曲线 1，其工况点为 a，工况参数为 p_r 和 Q_a。将出口阀开度关小，管网阻力增加，管网性能曲线由直线 2 的位置，变形移位到曲线 3，并与压缩机性能曲线 1 交于 a' 点，这就是压缩机新的工况点，其工况参数为 p'_r 和 Q'_a，从而达到了调节气体介质参数，满足生产工艺要求的目的。

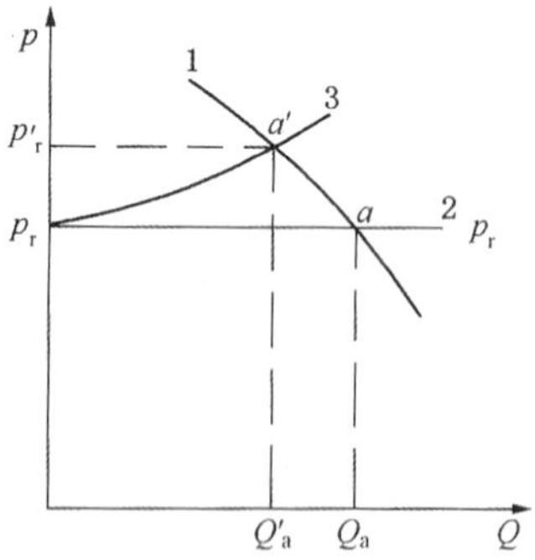

图 6－4　出口节流调节原理图

由上述调节过程，可以总结出如下所述的调节原理：利用出口阀开度的变化，增加或减少管网阻力，改变管网性能曲线的形状和位置，使其与压缩机性能曲线有新的交点，从而达到调节气体参数，满足生产工艺需求的日的。

12. 如何实现出口节流等压力调节？

出口节流等压力调节，是保持管网系统某一特定部位压力不变，只改变气体流量的一种调节过程，如图 6－3 所示。管网系统压力容器的内压为 p_r，生产工艺要求压力 p_r 在生产过程中保持不变。由出口节流调节原理可知，将出口阀开度关小，管网阻力增加，管网性能曲线的形状和位置，由直线 2 变形移位到位置 3(图 6－4)，同时与压缩机性能曲线 1 交于 a'点，该点即压缩机新的工况点，其工况参数为 p'_r 和 Q'_a，气体介质的流量由 Q_a 调节到 Q'_a，满足了生产工艺要求。

压缩机出口压力由原来的 p_r($p_{out} = p'_r$)上升到了 p_r，出

口压力的增值 $p'_r - p_r = \Delta p$，全部用于克服阀门关小、阻力增加的消耗上，而压力容器内的压力 p_r 仍保持不变，从而实现了等压力调节的目的。

13. 如何实现出口节流等流量调节？

出口节流等流量调节，是保持工艺系统气体介质流量不变、只改变压力的一种调节方式，图 6－5 所示为等流量调节原理图。调节之前，管网的性能为直线 2，压缩机的性能为曲线 1，管网与压缩机的性能曲线交于 a 点，该点即压缩机调节前的工况点，工况参数为 p_r 和 Q_a。

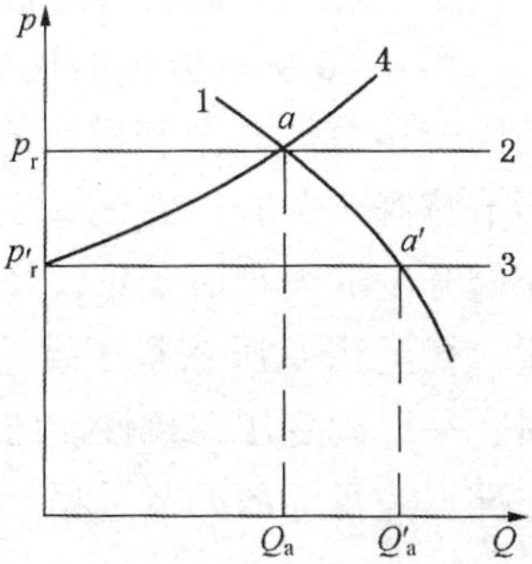

图 6－5　出口节流量等流量调节原理图

如果生产工艺要求管网系统压力，由 p_r 降至 p'_r。（即图 6－3 容器内压力），则管网性能曲线由位置 2 移到了位置 3，并与压缩机性能曲线 1 交于 a′点，该点系压缩机新的工况点，其工况参数为 p'_r 和 Q'_a。系统压力由 p_r'降至 p_r'，这是生产工艺的要求，但流量由 Q_a 增加至 Q'_a，则不是调节的目的。

为达到压力下降，流量保持不变的调节目标，应在压力降低后，采取关小压缩机出口阀，增加管网阻力，使管网性能曲线由直线 3，变形移位到曲线 4，并与压缩机性能曲线 1，又重新交于 a 点，此时，压缩机的流量已由 Q'_a 恢复到 Q_a，实现了等流量调节的目标。

在压缩机流量调回到原工况的同时，其出口压力也回升到了 $p_{out}(p_{out} = p_r)$值。出口压力的增值 $p_r - p_r' = \Delta p$，全部用于克服阀门阻力所消耗，系统压力仍保持在调节之后的 p'_r 值。

14. 离心式压缩机进口节流调节的原理是什么？

离心式压缩机的进口节流调节，是将节流阀装在压缩机的入口管网系统，利用节流阀开度的变化，改变压缩机性能曲线的形状和位置，移动压缩机工况点，改变压缩机工况参数，实现进口节流调节的目标。

图 6–6 所示为压缩机进口节流调节系统图，节流阀前为固定压力 p_a，节流阀后的压力为 p_{in}(即压缩机进口压力)，当节流阀全开时，则 $p_a = p_{in}$，压缩机入口压力 p_{in}之值随节流阀开度的大小而变化，并影响压缩机性能曲线的形状和位置，直至改变压缩机工况参数。所以，进口节流调节的实质，是以改变压缩机性能曲线的位置为前提，以移动压缩机工况点为目标的调节过程。

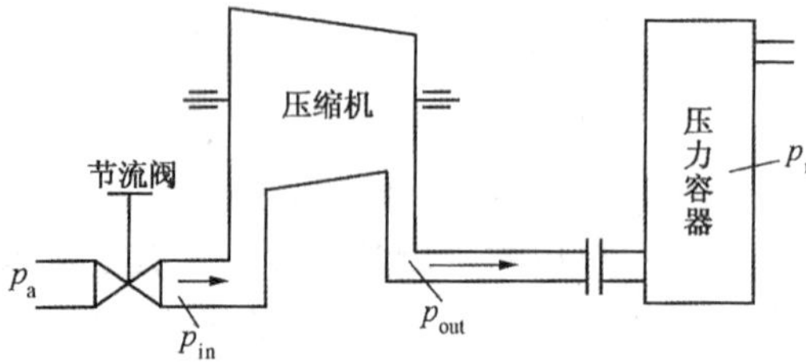

图 6–6　进口节流系统图

图 6–7 为离心式压缩机进口节流性能曲线图，图中曲线 1 为进口节流阀全开时压缩机的性能曲线，如果将进口节流阀由全开逐渐关小，则气流在此出现节流，并产生节流损失，使压缩机进口压力 p_{in}小于节流阀前压力 p_a，即 $p_{in} < p_a$。将节流阀开度关至一定位置不变，则压缩机入口压力 p_{in}的值随进气流量的增加而降低，降低的变化趋势可用下

列方程表示：

$$p_a - p_{in} = \Delta p = KQ^2 \quad (6-3)$$

从公式(6－3)可以看出，p_{in}的变化趋势与气体流量的平方成正比。图中曲线2便是节流阀开度固定后，压缩机进口压力p_{in}随气体流量变化的关系曲线。在压缩机进口压力p_{in}由于节流而下降的同时，其出口压力p_{out}也有相应的变化，于是压缩机性能曲线由位置1移到了位置3。进一步关小节流阀，p_{in}随气体流量变化的关系曲线由2变形移位到4。与此同时压缩机的性能曲线由3移位到5。由此可以看出，利用进气节流阀开度的变化，改变压缩机性能曲线位置的理论，正是压缩机进气节流调节原理的核心。

15. 如何实现进口节流等压力调节？

离心式压缩机进口节流等压力调节，系指压缩机出口管网系统中，某部位压力保持不变，只改变气体介质流量的一种调节方式。图6－6为进口节流系统图。设计工况下，进口节流阀全开，此时压缩机性能为图6－8中的曲线1，管

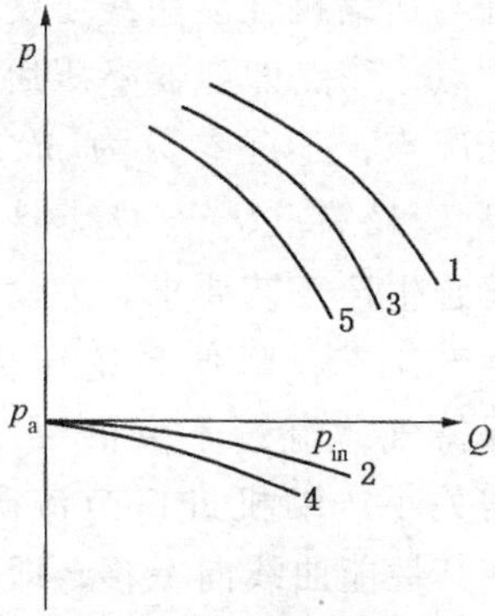

图6－7　压缩机进口节流性能曲线

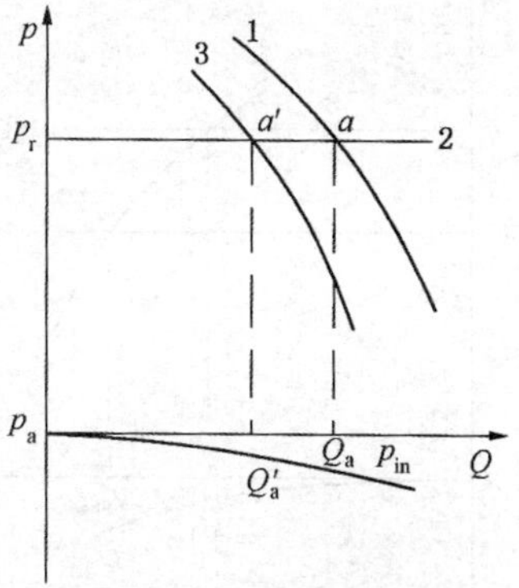

图6－8　进口节流等压力调节性能曲线图

网性能为直线 2，并与压缩机性能曲线 1 交于 a 点，该点即设计工况点，工况参数为 p_r 和 p_a，如果生产工艺改动，要求气体流量减少，而系统压力保持不变。为满足生产工艺这一要求，关小进口节流阀，使压缩机性能曲线由位置 1 移至 3，并与管网性能曲线 2 交子 a' 点，该点为调节后的工况点，工况参数为 p_r 和 Q_a'，显然，$Q_a' < Q_a$，实现了减少气体流量，保持系统压力不变的调节目标。

综上所述可以看出，压缩机进口节流等压力调节的操作比较简单，只需改变进口节流阀的开度，就可实现这一调节目标。

16. 如何实现进口节流等流量调节？

离心式压缩机的进口节流等流量调节，是生产工艺要求气体介质流量不变，只改变系统操作压力的一种调节方式。如图 6-9 所示的工艺流程中的压力容器内压，生产要求由 p_r 降至 p'_r，但流量需保持不变。由图 6-9 可以看出，容器内压力由 p_r 降至 p'_r 时，管网性能曲线由位置 2 下移到 4，并与压缩机性能曲线 1 交于 a'点，该点即容器降压后的工况点，工况参数为 p'_r 和 Q_a'，显然，$Q_a' > Q_a$，这不符合生产工艺要求。为满足生产工艺，降低系统压力，保持气体流量不变的要求，需关小压缩机进口节流阀，使其性能曲线向左移，即由位置 1 移到位置 3，并与管网性能曲线 4 交于 a''点，此

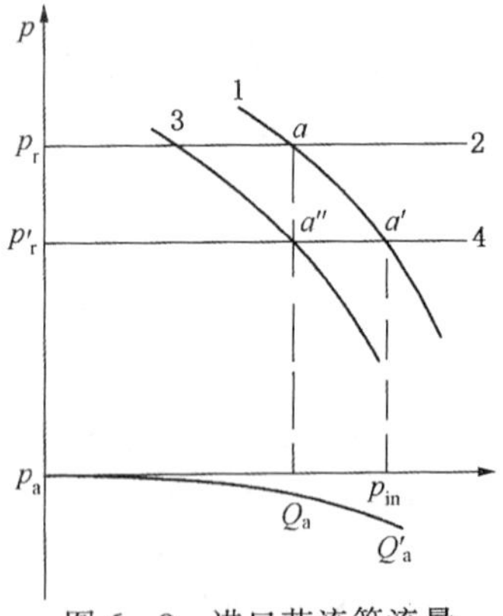

图 6-9　进口节流等流量调节性能曲线图

点为压缩机新的工况点，其工况参数为 p_r'和 Q_a。实现了保持流量不变，而降低系统压力的调节目标。

由于进气节流使压缩机入口压力降低，气体介质容重减轻，压缩机能量头降低，功率消耗减少。所以进口节流比出口节流调节经济性较好。当流量在 60% ~ 80% 的范围内调节时，进口节流调节可降低功耗 4% ~ 5%。

同时由于进口节流，使压缩机性能曲线向左下方移动，压缩机喘振点随之向小流量移动。就是说，压缩机可在更小的流量下稳定运行，扩大了压缩机的工况范围。从整体情况看，它是一种结构简单、便于操作、能耗较低的调节方法。

17. 离心式压缩机转速调节的原理是什么?

转速是离心式压缩机重要性能参数之一，因此，改变压缩机转速，是改变压缩机性能的有效措施。图 6 - 10 为压缩机与管网系统联合工作系统图。设计工况下压缩机转速为 n,压力容器内压为 p_r，气体介质流量为 Q_a，压缩机工况点为图 6 - 11 中的 a 点，其工况参数为 p_r 和 Q_a。如果将压缩机转速由 n 提升到 $1.1n$，或降低至 $0.9n$，则压缩机将产生一组与之相应的如图 6 - 11 所示的性能曲线。从这组性能曲线可以看出，压缩机转速升高，其性能曲线向右上方移；转速降低，其性能曲线向左下方移，工况点也相应的由 a 移

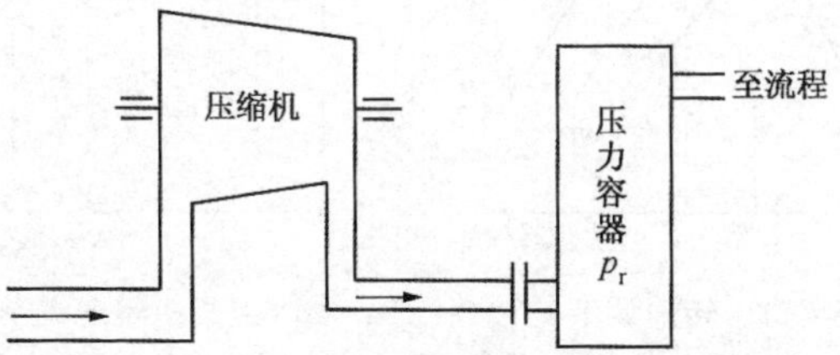

图 6 - 10　压缩机与管网系统图

到 a' 和 a''，工况参数由 p_r 和 Q_a，相继移到 p_r 和 Q'_a 以及 p_r 和 Q''_a。所以，转速调节的原理，就是利用压缩机转速的改变，移动压缩机性能曲线和工况点的位置，最终实现气体介质参数的调节。

在转速调节中也有等压力和等流量两种调节方式，现对此情况作如下分析：

① 等压力调节　在图 6－10 的系统中，原设计压缩机的工况点为图 6－11 中的 a 点，其工况参数为 p_r 和 Q_a。如果生产工艺要求，压力容器内压力保持不变，气体流量增加或减少，则升高或降低压缩机转速，使压缩机性能曲线向右上方或左下方移动，并与管网性能曲线分别交于 a' 和 a'' 点，该点即压缩机新的工况点，工况参数分别为 p_r 和 Q'_a 以及 p_r 和 Q''_a。实现了压力不变，调节流量的目标。

② 等流量调节　如果生产工艺要求气体流量保持不变，而压力容器内压力由 p_r 降至 p'_r，此时，管网性能曲线便由位置 2 平移到位置 4，如图 6－12 所示，并与压缩机性能曲线 1 交于 a′点，该点为压缩机新的工况点，其工况参数为

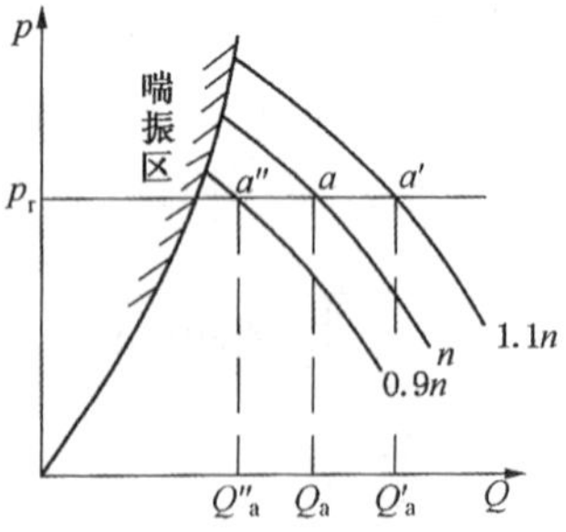

图 6－11　转速调节性能曲线图

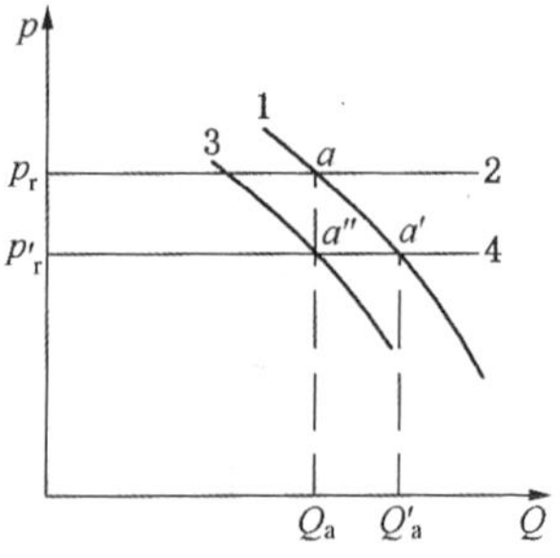

图 6－12　转速调节等流量性能曲线

P'_r和Q'_a，显然，$Q'_a > Q_a$，这一情况不符合调节要求。为使压力容器内压力由p_r降到p'_r时，气体流量保持不变，应采取降低压缩机转速，使其性能曲线由位置1移到位置3，并与管网性能曲线4交于a''点，该工况点的工况参数(p'_r，Q_a)即保持了流量恒定，又实现了压力调节的目标。

18. 变转速调节有何特点？

离心式压缩机变转速调节具有以下特点：

① 当离心式压缩机的转速由n改变为n'时，其流量Q、压比ε和功率N等性能参数将有相应变化，变化规律可用下列方程表示：

$$Q' = \frac{n'}{n}Q$$

$$\varepsilon' - 1 = \left(\frac{n'}{n}\right)^2(\varepsilon - 1) \qquad (6-4)$$

$$N' = \left(\frac{n'}{n}\right)^3$$

式中 Q、Q'——转速改变前、后的流量，m^3/min；

ε、ε'——转速改变前、后的压比，p_2/p_1；

N、N'——转速改变前、后的功率，kW；

n、n'——改变前、后的转速，r/min。

从方程(6-4)可以看出，当压缩机的转速n由高逐渐降低时，则流量Q、压比ε和功率N均按上述方程式成比例下降。

② 变转速调节压缩机出、入口不需要节流装置，因此，压缩机无节流损失，其运行效率较高。

③ 当离心式压缩机由汽轮机、燃气轮机拖动时，变转速调节较易实现。如果由电动机拖动，则需要配备变速机构

或采用变速电机拖动。

④ 变转速调节，一般多用于降速运行，如果需要压缩机升速运行，则要考虑转子轮盘强度、轴承负荷、原动机功率容量以及转子临界转速等因素。

19. 离心式压缩机进口导叶调节的原理是什么？

进口导叶调节是改变叶轮进口轴向或径向导叶角度的一种调节方法，图 6-13 为进口轴向导叶结构图。图中导叶 1 可

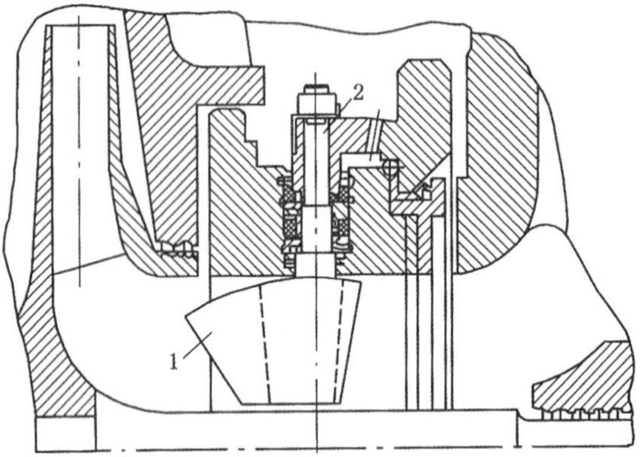

图 6-13 轴向可转动的进口导向叶片装置

绕固定轴心 2，在不同方向和一定范围内自由转动，当导叶转向与叶轮旋转方向一致时，为正旋绕，反者为负旋绕，由于正旋绕与负旋绕方向相反，所以产生不同的效果。图6-14为

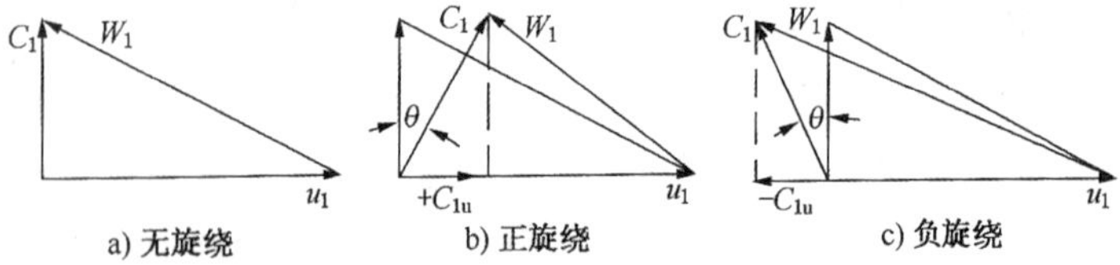

图 6-14 导叶旋绕速度三角形

不同旋绕方向的气流速度三角形，在设计工况下，导叶旋绕角 θ 为零，如图 6－14a)所示，图 6－14b)和图 6－14c)分别为导叶旋绕角 θ 为正值和负值的速度三角形。

根据欧拉方程：

$$h_{th} = \frac{1}{g}(C_{2u}u_2 - C_{1u}u_1) \tag{6-5}$$

式中 h_{th}——理论能量头，N·m/kg；

C_{1u}、C_{2u}——叶轮入口和出口绝对速度，m/s；

u_1、u_2——叶轮入口和出口圆周速度，m/s；

g——重力加速度，$9.81m/s^2$。

从方程(6－5)可以看出，压缩机的能量头 h_{th}与 C_{1u}有直接关系。当导叶为正旋绕时，C_{1u}为正值，能量头 h_{th}随 C_{1u}的增加而减少；导叶为负旋绕时，C_{1u}为负值，能量头 h_{th}随 C_{1u}绝对值的增加而增加。因此，欲使能量头或流量减少时，可采用正旋绕调节，反之，采用负旋绕调节。

试验结果表明，进口导叶旋绕角度的变化，将使压缩机性能曲线的位置发生变化，其变化规律如图 6－15 所示，从图中曲线可以看出，导叶正旋绕，性能曲线下移，所以，当需降低能量头和减少流量时，应采用正旋绕调节。而负旋绕可以达到与此相反的调节目的。

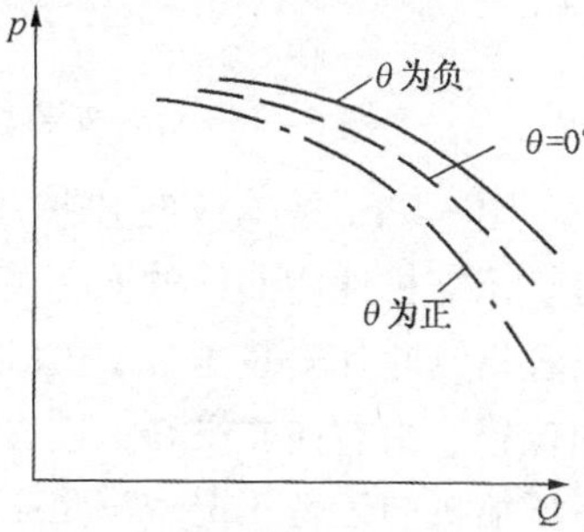

图 6－15 导叶角度对压缩机性能的影响

综上所述可以看出，进口导叶调节是利用导叶角度的改变，使压缩机性能曲线发生位移，从而改变压缩机工况点，以达到调节气体参数，满足生产工艺要求的目的。

20. 转动扩压器叶片安装角为什么能实现压缩机的调节？

扩压器有无叶扩压器和有叶扩压器之分。在无叶扩压器的环形通道中，设置一定数量和形状的叶片，即可构成一个完整的叶片扩压器。改变叶片扩压器叶片的安装角，是离心式压缩机调节方法之一。其原理是利用扩压器叶片安装角的改变，促成压缩机性能曲线的位置和形状的变化，从而实现改变压缩机工况参数，满足生产工艺要求之调节目的。

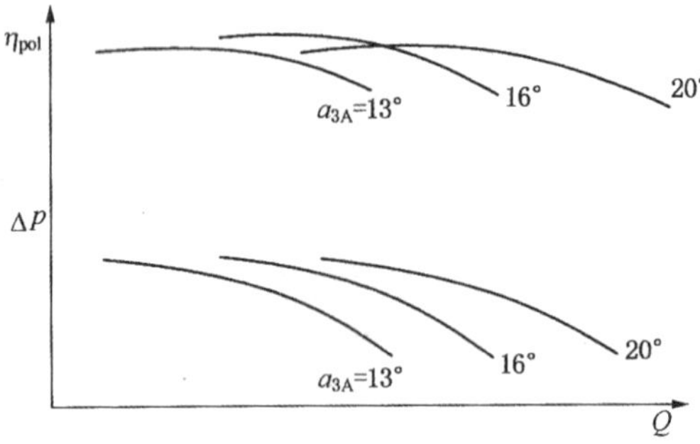

图 6－16　叶片安装角对压缩机性能的影响

图 6－16 是单级叶片扩压器，叶片安装角在不同位置时，压缩机性能曲线的变化情况，从图中曲线变化的趋势可以看出，叶片安装角 a_{3A}由大向小变动时，压缩机性能曲线的位置，由右向左平移，喘振点同时向左移动。这不仅改变了压缩机的运行工况，满足了生产工艺的要求，而且扩大了压缩机的使用范围。但是，由于叶片安装角只能近似的将性能曲线平移，所以，调节后流量变化大，而压力变化很小，

因此，这种调节方法单独使用有一定局限性。

扩压器叶片角度的调节机构比较复杂，多级压缩机更是如此，因此，有些结构设计只给出几个固定的叶片安装角，用户可根据生产工艺要求选择其中一种，并在停车状态，将叶片调至预选位置，以满足生产工艺的要求。

21. 多级轴流式压缩机变静叶角度调节的原理是什么？如何实现？

多级轴流式压缩机的调节，常采用变静叶角度的调节方法。图 6－17 为不同静叶角度下，轴流式压缩机的一组性能曲线，该曲线是在转速不变的情况下作出的。从这组曲线可以看出，随着静叶角度的增加(即静叶开度增加)，性能曲线逐渐向右上方移动，从而使流量和压力参数得到调节。显然，实现这一调节过程的关键环节是静叶角度的改变，现就改变静叶角度的原理和控制方法介绍如下：

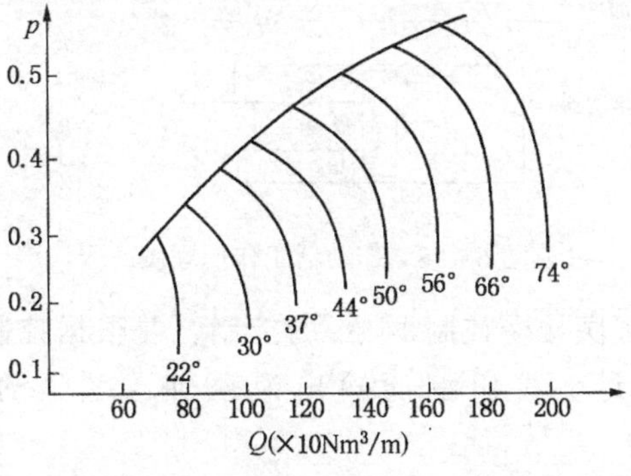

图 6－17　轴流式压缩机性能曲线

① 各级静叶通过静叶轴承装配于静叶承缸上，每支静叶均有伸至承缸之外的连杆机构，其末端设有滑块，该滑块

配装于调节缸的圆周槽内，调节缸轴向移动时，滑块在槽内沿圆周滑动，并驱动静叶绕自身轴心转一定角度。调节缸位移方向和大小，决定着静叶开度的增加或减小。

② 调节缸通过连杆机构与伺服作动器联接，如图 6－18 所示。作动器由 12MPa 的液压油驱动，液压油的大小和流向由三位四通电液伺服阀控制。

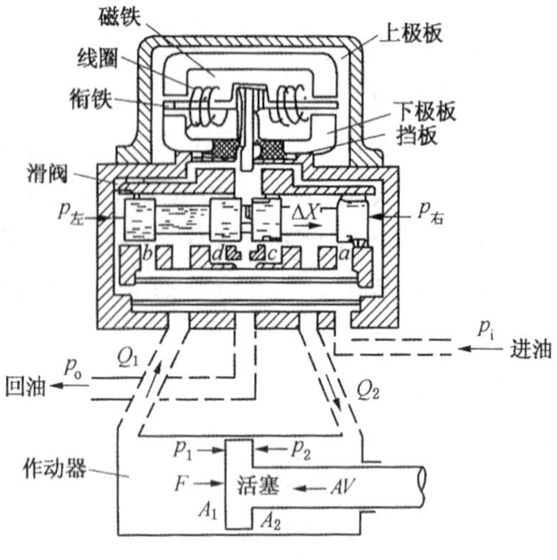

图 6－18　作动器工作原理图

③ 伺服阀接受控制器 ZC 的控制，并根据控制器电流的极性和大小成比例的输出液压油，以驱动作动器位移。

④ 控制器的设定值信号来自流量调节器 FIC 的输出，其实际值信号为作动器活塞杆上位移传感器所获的位移信号，两信号的差值经放大送至伺服阀，伺服阀根据信号的极性和大小产生如③条所述的作用。因此，静叶开度最终取决

于控制器的输出信号。图 6－19 和图 6－20 分别为调节系统原理图和对应的结构方框图。

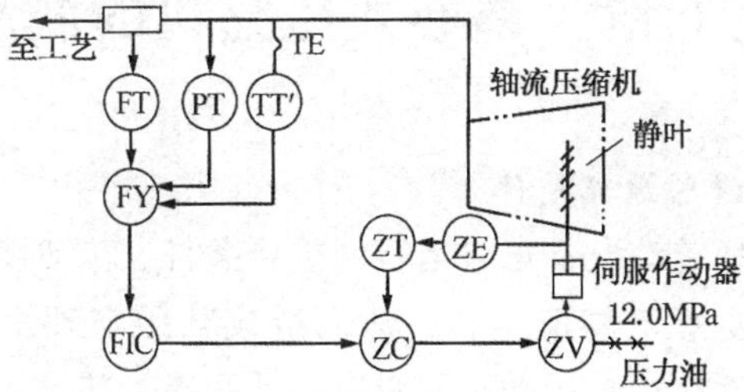

图 6－19　调节系统原理图

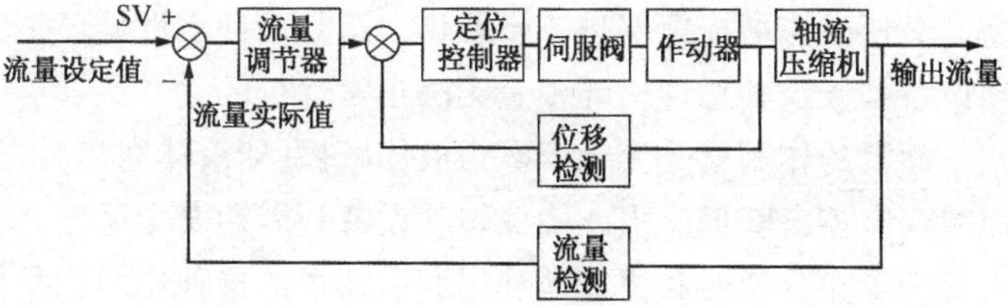

图 6－20　调节系统结构方框图

第七章　离心式压缩机的润滑

1. 润滑的原理是什么？

润滑是转动设备正常运行的重要条件，转动设备的转子在轴承的支承下高速旋转，从而造成轴颈与轴承的相对运动，两零件在相对运动过程中产生动摩擦和热量。如果相对运动的两零件间没有液体润滑(即干摩擦)，则两零件的摩擦加剧，磨损加快。因摩擦产生的热量增多，零件表面温度升高，又使摩擦磨损情况进一步恶化，这是一种恶性循环，转动设备处于这种恶性循环中是无法正常运行的。

润滑的作用就是变干摩擦为液体摩擦(即液体润滑)，从而减轻摩擦，降低磨损，确保转动设备长周期安全运行。

为了充分说明和更好地利用润滑技术的这种作用，我们有必要对润滑原理作如下介绍。

图 7－1 所示为两个相对运动的金属平面，两平面间充满着流动的润滑油，由于润滑油的油性和粘性，在与金属表

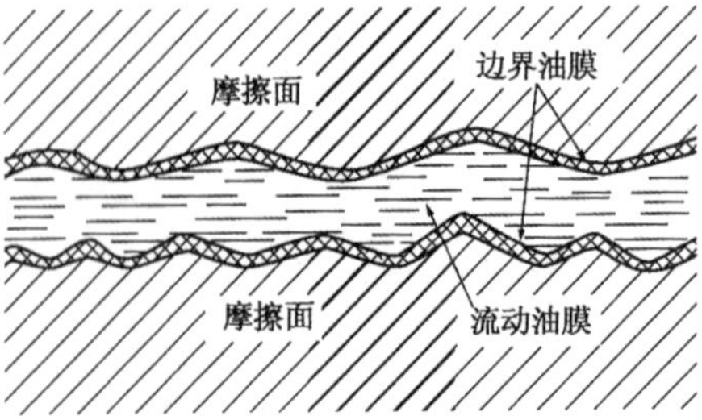

图 7－1　液体润滑状况

面接触时，很容易附着金属表面，在金属表面形成一个很薄的附着层，该附着层称边界油膜。两边界油膜间为流动油膜，两金属表面被边界油膜和流动油膜分开，形成液体润滑（即液体摩擦），这种润滑状况是较理想的，一般大型机组在生产运行中，应保持这种润滑状态。

如果在两金属平面上加一外力，或润滑油供给不够充分，此时，流动油膜减薄，边界油膜被破坏，两金属表面间的液体润滑过程结束，并已过渡到如图 7－2 所示的半液体润滑状态。处于半液体润滑状态的两金属表面，已有局部开始接触，出现边界润滑或干摩擦。转动设备，特别是大型机组要严禁这种半液体润滑状况的产生，否则，将导致轴瓦烧坏或转子磨损等事故。

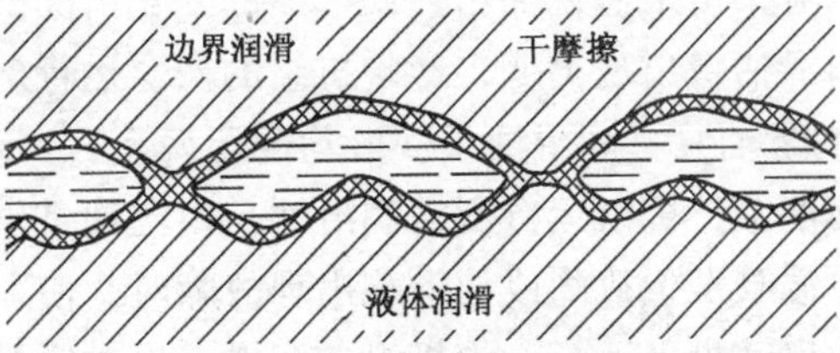

图 7－2　半液体润滑状况

离心式压缩机的转子，从盘车，启动到运行，是由边界润滑向液体动压润滑转化的过程，如图 7－3 所示。转子盘车时，在轴颈表面形成一个很薄附着油膜，转子由静止开始旋转时，附着油膜同轴颈一起旋转，并带动附近油层随轴旋转，从而形成了液体动压油膜，实现了轴承

图 7－3　液体动压润滑的形成

的液体动压润滑。为机组的长周期安全运行提供了可靠的条件。

2. 润滑系统由哪几部分组成？其作用如何？

一般压缩机的润滑系统由润滑油箱、主油泵、辅助油泵、油冷却器、油过滤器、高位油箱、阀门以及管路等部分组成。

① 润滑油箱　润滑油箱是润滑油供给、回收、沉降和储存设备，内部设有加热器，用以开车前润滑油加热升温，保证机组启动时润滑油温度能升至35～45℃之范围，以满足机组启动运行的需要。回油口与泵的吸入口设在油箱的两侧，中间设有过滤档板，使流回油箱的润滑油，有杂质沉降和气体释放的时间，从而保证润滑油的品质。油箱侧壁设有液位指示器，用来监视油箱内润滑油的变化情况，以防机组运行中润滑油量出现突变，影响机组的安全运行。

② 润滑油泵　润滑油泵一般均配置两台，一台主油泵，一台辅助油泵，机组运行所需润滑油，由主油泵供给。辅助油泵系主油泵发生故障或油系统出现故障时，使系统油压降低时自动启动投入运行，为机组各润滑点提供适量的润滑油品，所配油泵流量一般为200～350l/min，出口压力应不小于0.5MPa，润滑油经减压，使系统油压降至0.08～0.15MPa进轴承。

③ 润滑油冷却器　润滑油冷却器用于返回油箱的油温有所升高的润滑油的冷却，以控制进油温度在35～45℃的范围内。油冷却器一般均配置两台，一台使用，另一台备用，当投入使用的冷却器，其冷却效果不能满足生产要求时，切换至备用冷却器维持生产运行，并将停用冷却器解体检查，清除污垢后组装备用。

④ 润滑油过滤器　润滑油过滤器装于泵之出口，用于进机润滑油的过滤，是保证润滑油质量的有效措施。为确保机组的安全运行，过滤器均配置两台，一台运行，一台备用。

⑤ 高位油箱　高位油箱是一种保护性设施，机组正常运行时，高位油箱的润滑油，由底部进入，再由顶部排出返回油箱。当主油泵发生故障而辅助油泵又未及时启动时，则高位油箱的润滑油将沿进油管靠重力作用流入润滑点，以维持机组惰走过程的润滑需要。高位油箱的储油量一般应维持不小于5min的供油时间。

3. 对润滑系统有什么要求？如何满足？

润滑系统是机组各轴承形成液体润滑状态的保证体系。是轴瓦减轻摩擦、降低磨损、实现长周期安全运行的主要条件，因此，对该系统在工作中的严密性、清洁度以及各部机件的可靠性都有较高的要求。为了满足机组润滑对该系统的要求，我们应采取有效措施，作好以下几方面的工作：

① 制定合理的施工程序，确保管线内表面有较好的清洁度，油路管线按施工图纸要求，分段将联接法兰焊好，清除焊渣、药皮及飞溅物，然后进行酸洗、中和及钝化工艺处理，钝化好的管线，两端密封保存待用。

② 油系统所有设备、阀门按施工要求进行安装前的解体检查，清除设备阀门内的杂质和浮锈等物。使设备和阀门在安装时有较高的清洁度，从而保证设备、阀门安装投用后有较好的运行效果。

③ 设备安装就位后，实施管线的组对工作，在管线组对时，要选择适合的垫片。阀门按规范要求，以横向布置与管路法兰联接，在上紧法兰联接螺栓时，一方面要使螺栓上

紧，保持联接部位密封的可靠性，同时也要避免紧力太大，以保持垫片的原始状态和密封性能。

④ 润滑系统设备，阀门和管线安装组对工作结束后，要进行油冲洗，冲洗用油与工作用油相同。在油冲洗过程中，油温要有适度变化，使附着于管内的铁锈及其他杂质，在热胀冷缩的变化中，被冲洗油带走。

油冲洗运行，不仅可以提高润滑系统的清洁度，同时对系统的严密性以及机件的可靠性都是一个考验。经 8h 油冲洗运行考验，如过滤器压差无变化，各机件无故障，各密封部位无泄漏，则认为润滑系统已符合规范要求。

4. 高位油箱的作用是什么？如何实现？

高位油箱是机组安全保护设施之一，机组正常运行时，润滑油由底部进入，而由顶部排出直接流回油箱，一旦发生停电停机故障，辅助油泵又不能及时启动供油，则高位油箱的润滑油，将沿进油管路，流经各轴承后返回油管，确保机组惰走过程对润滑油的需要。为确保高位油箱这一作用的实现，润滑系统应有以下技术措施：

① 高位油箱要布置在距机组轴心线不小于 5m 的高度之上，其位置应在机组轴心线一端的正上方，以使管线长度最短、弯头数量最少，保证高位油箱的润滑油流回轴承时阻力最小。

② 高位油箱顶部要设呼吸孔，当润滑油由高位油箱流入轴承时，油箱的容积空间由呼吸孔吸入空气予以补充，以免油箱形成负压，影响滑润油靠重力流出高位油箱。

③ 在润滑油泵出口到润滑油进机前的总管线上，要设置止回阀，一旦主油泵停运，辅助油泵也未及时启动供油，则止回阀立即关死，使高位油箱的润滑油必须经轴承进入回

油管线，再反回油箱，防止高位油箱的润滑油短路，从而避免机组惰走过程烧坏轴瓦故障的发生。

④ 如果润滑系统是一密闭循环系统(如氨压缩机润滑系统)，高位油箱顶部没有呼吸孔，故障停机时，高位油箱的润滑油仍需由进油管流至轴承。在润滑油逐渐流出时，高位油箱的空间逐步增加。逐步增加的空间，由与润滑油箱联通的回油管及时补气予以充实，从而保证高位油箱保护功能的实现。

5. 对轴承进油温度与压力的要求是什么？如何实现？

轴承的进油温度一般均控制在35~45℃之间，其压力通常在0.08~0.15MPa范围调节。由于轴承结构、工作特性以及载荷大小的不同，其具体机组润滑油的操作指标，一般在安装使用说明书中均有明确规定，因此，应参考安装使用说明书，编制具体的操作规程，提出适宜的润滑油工艺指标，以利于轴承液体润滑的形成。

为了使润滑油的温度、压力和流量参数，稳定于操作规程所规定的范围之内，则润滑系统常采用以下技术措施：

① 在系统中设置加热设施，确保机组启动时，油温可升至操作指标。加热设施有电加热器和蒸汽加热器两种，用户可根据本厂能源情况自行选择。加热器一般均安放于油箱中，以利于机组启动前润滑油的加热升温。加热器可根据工作需要随时启动和停运，操作方便灵活。

② 要配置油冷却器，以便将润滑油由轴承带出的摩擦热量取走，使润滑油温度保持在操作指标的允许范围。油冷却器均安装于油泵之后，冷却水流量可根据油温的高低随时调节，以控制油温在操作指标规定的范围为宜。

③ 系统中要配置回油阀，流量调节阀、压力调节阀、安全阀以及节流阀等阀组件，以保证轴承进油压力符合操作

规程的要求。其流程如图 7－4 所示。

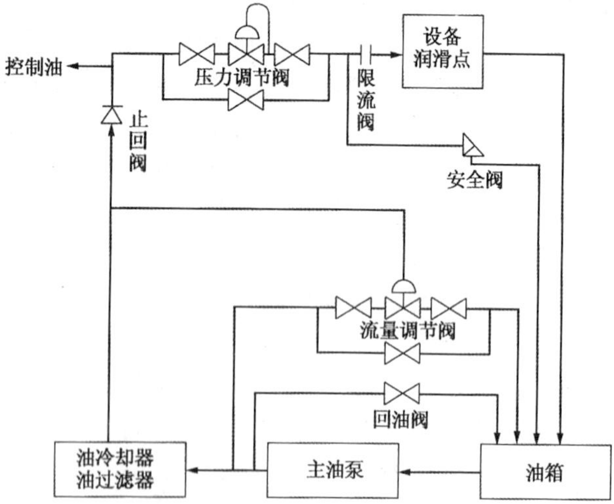

图 7－4　润滑油压力调节原理图

从设计原理讲，主油泵输出的润滑油其流量一般均较需用量多，所以，首先由回油阀放回油箱一部分，但仍需保持一定的余量，该余量由流量调节阀调节。流量调节阀之后还有压力调节阀，最后经限流阀进入轴承，这一过程设置的回流阀、流量和压力调节阀以及限流阀，都是调节和稳定轴承进油压力的技术措施，因此，轴承进油压力是能够满足操作指标要求的。

④ 由于润滑油温度和压力参数非常重要，所以，润滑系统不仅设置了油温、油压的调控和监视措施，还配有油温、油压的声光报警和停机联锁系统。一旦油温、油压越限，轻者声光报警，以提醒操作人员检查处理；重者停机联锁动作，主机停止运行，从而达到保护机组免受损坏的作用。

⑤ 各润滑点的回油管路均设有看窗，以便检查监视润滑油的流量，并通过限流阀的调节，来满足轴承润滑状态的需要。

6. 影响润滑油润滑性能的因素是什么？

润滑油进入轴承后，由于附着力的作用，将随旋转轴作旋转运动，并形成压力油膜将作旋转运动的转子抬起，使轴瓦与轴颈实现液体润滑，从而保证机组的长周期安全运行。但是随着机组运行周期的加长，润滑油中的杂质无疑会逐渐增多，其润滑性能和效果也将进一步恶化，经检验证明，影响润滑油润滑性能的因素有以下几个方面：

① 润滑油系统的设备安装和阀门管线组对时，检查、除锈、清洗不彻底系统中存有残留的颗粒状，雪片状杂质，使润滑油受到污染。

② 设备在长周期运行中,由于摩擦磨损产生的磨粒进入油中。

③ 由于加油设施保管不妥，受到自然环境的污染，加油时污染物带入润滑油箱，并进入油的循环系统。

④ 机组在长期运行过程中，由于输送的气体介质中含有 H_2S 等腐蚀性气体，在工艺波动或操作失误时，气体介质均会窜入润滑系统，对润滑系统的设备、阀门和管线都将造成腐蚀，并形成腐蚀产物污染润滑系统，影响润滑油的润滑效果。

⑤ 机组在生产运行过程中，汽轮机密封汽凝缩液；以及压缩机密封失效时，气体介质夹带的凝缩液，都会窜入润滑系统，造成润滑油的污染，降低润滑油的润滑效果。

从上述情况可以看出，造成润滑油污染、影响润滑油润滑性能和效果的因素是多方面的，但从污染物的形体来讲，只有固体、液体和气体等3种形态的污染物。因此，我们应采取脱气、脱液和过滤等技术措施，清除润滑油中的污染物，保持润滑油的润滑性能和效果。

7. 设备润滑的“五定”和润滑油“三级过滤”的含义是什么？

中石化总公司于1985年颁发了“工业企业设备管理制度”。该制度对设备润滑提出了明确的规定，即设备润滑要严格执行“五定”以及润滑油要执行“三级过滤”。“五定”和“三级过滤”执行后，设备润滑状况得到改善，设备故障有所下降，因此，“五定”和“三级过滤”是设备润滑管理工作的重点，要派专职技术人员搞好这项工作。

设备润滑的“五定”就是定时、定点、定质、定量和定更换期。其含义分别如下。

① 定时　根据设备结构特点、工作环境及润滑油品的消耗情况，确定两次加油的间隔时间，并通过实践予以肯定或调整。

② 定点　根据设备各部位运行特点，确认需要润滑的部位，作出统计，载入润滑管理手册，以利于操作人员逐点加油。

③ 定质　根据轴承类型、运行状况以及载荷特点，选用适合的润滑油品种，并由化验分析，确认符合质量标准。

④ 定量　根据加油部位的容积和消耗情况，确定每次加油量，并经运行实践予以确认或调整，使每次加油量更为合理。

⑤ 定更换期　对大型机组和其他转动设备循环使用的润滑油品，要根据安装使用说明书的规定进行定期更换。以

保持油箱清洁和润滑油品的质量。如果润滑系统运行情况较好，润滑油使用虽已到期限，但经化验润滑油各项指标均符合标准要求，则润滑油可延长使用周期。一般情况下，延长期结束后润滑油不再继续使用。

润滑油的“三级过滤”系指润滑油由领油大桶到润滑点，要经过三次过滤，以滤除油中杂质，保证油品质量，三级过滤的工艺流程如图 7－5 所示。

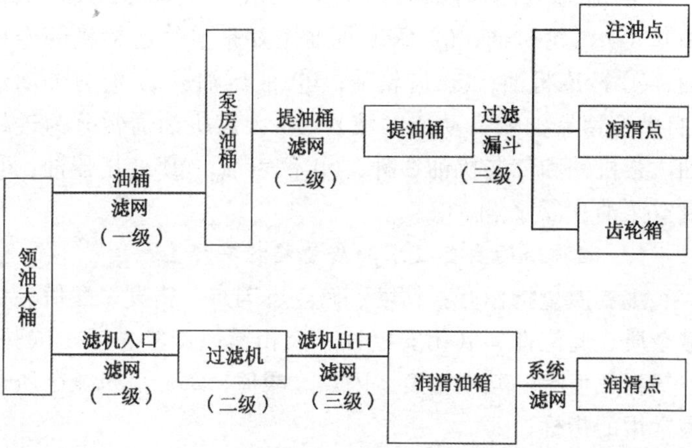

图 7－5　润滑油三级过滤流程图

从三级过滤流程图可以看出，对只需要间断加油的润滑点，润滑油由领油大桶→泵房油桶→提油桶→润滑点的三级过滤是断续进行的；对需要连续供油的压力循环系统，则润滑油由领油大桶→润滑油箱的三级过滤是通过过滤机连续进行的，由润滑油箱→润滑点，它还有自已的循环过滤设施，因此，润滑油质是有保障的。

8. 什么是矿物润滑剂?

主要成分是从矿物油中提炼出来的，一般采用减压蒸馏时所得的减压馏分和减压渣油，经过丙烷脱沥青、脱蜡、精制得到各种润滑剂的基础油。基础油添加各种添加剂，再经过调和成为各种牌号的矿物润滑剂。矿物润滑剂是目前应用最广的润滑剂。

9. 矿物润滑油的主要类别是什么?

常用的矿物润滑油有：① L－AN 全损耗系统油(机械油)；② 汽轮机油；③ 压缩机油主要是空气压缩机的专用油；④ 冷冻机油；⑤ 齿轮油；⑥ 液压油；⑦ 液力传动油(自动变速器油或自动传动液)；⑧ 内燃机油通常分为气机油、柴机油和气柴机油 3 种；⑨ 仪表油；⑩ 变压器油；⑪ 真空泵油；⑫ 汽缸油。

10. 润滑油的主要技术和质量指标有哪些?

主要质量指标有：粘度、倾点、闪点、密度、酸值、机械杂质、起泡性、氧化安定性、液相锈蚀试验、铜片试验、空气释放值等。其中粘度、闪点、酸值、水分、机械杂质是最常用的指标。

11. 石油化工离心压缩机主要用什么类型的矿物润滑油?

离心压缩机润滑油应选用设备说明书推荐的油品。通常与驱动机选用同一种油品，便于减少辅助设施和操作管理。石油化工行业压缩机多为汽轮机驱动，汽轮机因为温度高、接触水汽等苛刻环境，对润滑油要求较压缩机高，因此通常选用汽轮机润滑油作为机组的用油。当然，根据润滑油高级可以代替普通或低级的原则和便于管理的考虑，实际工作中空气压缩机使用汽轮机油的情况也较常见。

12. 汽轮机润滑油的换油标准是什么?

中国石化集团公司颁发了关于汽轮机换油的标准，其标准代号为 SH/T 0636。摘录如下：

L－TSA 汽轮机油换油指标　SH/T 0636

项　　目		换油指标				试验方法
粘度等级(按 GB 3141)		32	46	68	100	
40℃运动粘度变化率/%	超过	±10				
酸值/(mgKOH/g 增加值)	大于	0.1				GB/T 264
氧化安定性/min	低于	60				GB/T 0193
闪点/℃(开口)	低于	170		185		GB/T 3536
破乳化值/(40－37－3)mL/min(54℃)	大于	40		60		GB/T 7305
液相锈蚀试验(合成海水)	低于	轻锈				GB/T 1143

13. 什么是合成润滑剂?

合成润滑剂是通过化学合成方法制备成的较高分子的化合物，再经过调配或进一步加工而成的润滑油、脂产品。合成润滑剂具有一定化学结构和预定的物理化学性质。在其化学组成中，除了含碳、氢元素外，还分别含有氧、硅、磷、氟、氯等元素。

14. 合成润滑剂如何分类?

根据合成润滑油的化学结构，已工业化生产的合成润滑油分为下列 6 类：

① 有机酯包括双酯、多元醇酯及复酯等。

② 合成烃包括聚 a－烯烃、烷基苯、聚异丁烯及合成环烷烃等。

③ 聚醚又名聚烷醇醚、聚乙二醇醚。

④ 聚硅氧烷又名硅油，包括甲基硅油、乙基硅油、甲基苯基硅油、甲基氯苯基硅油及硅酸酯等。

⑤ 含氟油包括氟碳、氟氯碳、全氟聚醚及氟硅油等。

⑥ 磷酸酯。

15. 与矿物油相比，合成润滑剂有何特性?

① 较好的高温性能　合成润滑油比矿物油的热安定性要好，热分解温度、闪点和自燃点高，热氧化安定好(矿物油闪点一般为 140～315℃、自燃点为 230～310℃、热分解温度 250～310℃，而合成油的闪点为 200～300℃自燃点为370～430℃、热分解温度为 283℃)，允许在较高的温度下使用。

② 优良的粘温性能和低温性能　大多数合成润滑油比矿物油的粘度指数高，粘度随温度变化小。在高温粘度相同时，大多数合成油比矿物油的倾点(或凝点)低，低温粘度小(矿物油粘度指数 50～130、倾点 －45～－10℃，而合成油的粘度指数为 110～190、倾点为 －70～40℃)。

③ 较低的挥发性　合成油一般是一种纯化合物，其沸点范围较窄，挥发性较低，因此挥发损失低，可延长油品的使用寿命。

④ 优良的化学稳定性 卤碳化合物如全氟碳油、氟氯油、氟溴油、聚全氟烷基醚等，具有优良的化学稳定性，在100℃下不与氟气、氯气、硝酸、硫酸、王水等强氧化剂起反应。在国防和化学工业中具有重要的使用价值。

⑤ 抗燃性　某些合成油如磷酸酯、全氟碳油、水－乙二醇等合成油具有抗燃性，矿物油的自燃点＜360℃，合成油的自燃点为 650℃以上，广泛用于航空、冶金、发电、煤炭等工业部门。

⑥ 抗辐射性　某些合成油如烷基化芳烃、聚苯和聚苯醚等具有较好的抗辐射性。

⑦ 与橡胶密封件的适应性　在使用合成润滑油时，应

选择与这种合成油相适应的橡胶密封件，因为与矿物润滑油相适应的丁腈橡胶密封件并不与多数合成油相适应。例如与磷酸酯相适应的橡胶是乙丙橡胶，与甲基硅油及甲基苯基硅油相适应的橡胶是氯丁橡胶及氟橡胶。

⑧ 对金属的作用　某些合成油可能在有水存在或高温时腐蚀某些金属。例如有水存在时磷酸酯及甲基氯苯基硅油的腐蚀性增大，多元醇酯在较高温度下腐蚀某些有色金属。

16. 合成润滑剂主要用在什么场合？

种　类	用　途
合成烃	燃气涡轮润滑油、航空液压油、齿轮油、车用发动机油、金属加工油、轧制油、冷冻机油、真空泵油、减振液、刹车油、化妆晶油、纺丝机油、润滑脂基础油
酯类油	喷气发动机油、精密仪表油、高温液压油、真空泵油、自动变速机油、低温车用机油、刹车油、驻退液、金属加工油、轧制油、润滑脂、基础油、压缩机油
磷酸酯	用于有抗燃要求的航空液压油、工业液压油、压缩机油、刹车油、大型轧制机油、连续铸造设备用油
聚乙二醇醚	液压油、刹车油、航空发动机油、真空泵油、制冷机油、金属加工油
硅酸酯	高温液压油、高温传热介质、极低温润滑脂基础油、航空液压油、导轨液压油
硅　油	航空液压油、精密仪表油、压缩机油、扩散泵油、刹车油、陀螺液、减震液、绝缘油、光学用油、润滑脂基础油、介电冷却液、脱模剂、雾化润滑液
聚苯醚	有关原子反应堆用润滑油、液压油、冷却介质、发动机油、润滑脂基础油
氟　油	原子能工业用油、导弹用油、氧气压缩机油、陀螺液、减震液、绝缘油、润滑脂基础油

17. 离心压缩机选用何种合成润滑剂?

通常使用酯类油。该类油主要作为飞机涡轮发动机、精密仪器仪表、压缩机、车用发动机、金属加工剂等处的润滑剂，其特点如下：

(1) 航空涡轮发动机油

具有耐高温、耐高速、耐重负荷、长寿命、热氧化稳定性高等特点。

(2) 精密仪器仪表油

① 宽温度范围下粘温性良好；② 低蒸发速率；③ 油滴粘附性好；④ 良好的抗氧化安定性；⑤ 不与聚合物和油漆发生作用 防腐蚀性好。

(3) 合成压缩机油

具有热氧化安定性好、积炭少、粘温性好、操作温度宽、磨损少、使用寿命长等特点。

18. 合成润滑油主要标准有哪些?

我国关于润滑剂和有关产品国家标准 GB 7631.1 明确说明，其分类是等效采用国际标准 ISO 6743 制订的，分类原则是按照应用场合划分的，每一类润滑剂中都已考虑了应用合成液的润滑剂，因此没有将合成润滑剂单独分类，而只有一些产品标准，列举如下表：

标准编号	标 准 名 称	相应国外标准
GJB 135	4109 号合成航空润滑脂	MIL - L - 7808J
GJB 561	4450 号航空齿轮油	AIR - 3525/B79
GJB 1085	舰用液压油	
GJB 1170	低挥发航空仪表油	MIL - L - 6085B(1)
GJB 1263	航空涡轮发动机用合成润滑油规范	MIL - L - 23699C
SH 0433	4106 号合成航空润滑油	MIL - 4 - 23699C
SH 0434	4839 号抗化学润滑油	DERD - 2487

续表

标准编号	标准名称	相应国外标准
SH 0448	4802号抗化学润滑油	
SH 0454	特3451416号精密仪表油	
SH 0460	4104号合成航空润滑油	
SH 0461	4209号合成航空润滑油	
SH 0464	4121号低粘度仪表油	
SH 0465	4122号高低温仪表油	
SH 0467	4403号合成齿轮油	

注：GJB为国家军用标准代号

SH为中国石油化工集团公司标准代号

19. 如何保持润滑油品的质量?

这里所讲的保持润滑油品的质量，包括两个方面的内容：一是储存润滑油品质量的保证；二是使用润滑油品质量的保持，两者同等重要，不可顾此失彼。

储存润滑油品质量保障措施：

① 润滑油品储存应设置专用库房、油罐和油桶。油罐、油桶应专油专用。同时要标注油品名称、牌号、入库时间及质量标准。

② 储存油品要定期进行分析化验，以检查油品的质量状况。对不合格油品要及时采取有效措施，进行适当处理，以免造成以次充优，错用乱用的事故。

③ 油罐、油桶要定期进行检查维修，每次检查维修后，其内部要彻底进行清理，以保持油罐、油桶内部的清洁度。

④ 库房内要保持通风、干燥，清洁。要有完善的消防设施和“严禁烟火”的标牌。

使用润滑油品质量保障措施：

① 严格执行设备润滑的“五定”规则，作到保质、保量、

按时、定点地将润滑油品加至润滑部位。

② 严格执行润滑油的“三级过滤”制度，确保进入润滑部位的润滑油不含杂质，或使杂质含量降至最低。

③ 对大型机组循环使用的润滑油，要定期脱水、化验，发现质量问题要及时处理，以防轴承液体润滑状态的破坏。

④ 机组循环系统的过滤装置，要经常检查清洗，检查有无短路现象，清洗滤网上的杂质，使过滤装置能有效地发挥作用。

⑤ 注意调节机组密封装置的操作，提高其密封效能，防止气体介质对润滑油的污染。

20. 如何选用润滑油品?

润滑油品品种繁多，性能各异，因此，用户应根据轴承类别、运行速度、载荷大小以及工作环境等情况适当选择，其选择原则和依据详述如下：

① 工作载荷　是轴承(或摩擦副)直接承受的静载和动载两个方面负荷，在选用润滑油品时应全面考虑，在液体润滑条件下，润滑油的粘度越大，其承载能力越大；处于边界润滑状况时，粘度对改善润滑作用不大，其油性和抗极压性能尤为重要，此时应选用抗极压性能较好的润滑油品；对于冲击载荷，往复运动或油膜形成困难的场合，应选用润滑脂或固体润滑剂为宜。

② 相对运动速度　是轴承(或摩擦副)结构设计的重要参数，也是润滑油品选择的考虑因素，一般相对运动速度低的轴承适宜选用粘度较大的润滑油，以利于油膜的形成和维持；相对运动速度较高的轴承，宜选用粘度较小的润滑油。

③ 工作温度　系指轴承工作时所处的环境温度，以及

对此有影响的温度。如果所处的环境温度较低，应选用粘度小、凝点低的润滑油品；环境温度较高时，则应选用粘度大、闪点高的润滑油品；当轴承所处的工作环境温度变化较大时，还应选用粘温性能好、粘度指数高的润滑油品。总之，在选用润滑油品时，要根据轴承工作环境温度的高低，使其搭配合理、工作可靠。

④ 润滑方式　间歇式加油润滑或润滑油易流失部位，应选用附着力好、粘度大的润滑油品；连续循环供油润滑，应选用抗氧化、抗泡沫以及润滑性能较好的润滑油品。

综上所述，在选用润滑油品时，一是要满足设备运行的需要，二是要尽量减少润滑油品的品种，以便于润滑油品的管理。

第八章　离心式压缩机的保护

1. 离心式压缩机常见的保护措施有哪些?

离心式压缩机的转子是在高速旋转的状态下进行工作的，它一方面为气体介质的升压输送提供能量，同时也有造成超温、超压、振动以及磨损、断轴等破坏性事故的可能，因此，应设置有效的保护措施。常见的保护措施有以下几种：

① 温度保护措施　压缩机缸、段间进气温度保护，轴瓦工作温度保护，润滑油和封油的进机温度保护以及油箱油温的保护等；

② 压力保护措施　压缩机出口压力保护，润滑油和封油供油压力保护以及冷却水压力的保护等；

③ 机械保护措施　压缩机转子轴位移，轴振动以及转子超速等。

以上所述的温度、压力和机械等3个方面的保护措施，是离心式压缩机长周期安全运行不可缺少的保护措施。

2. 为什么要设置轴承温度监视和保护?

离心式压缩机转子的两端设置了两个支承点，安放有相应的径向支承轴瓦，转子的高速运转是在轴瓦的支承和充分润滑的条件下实现的，由于转子的高速运行，在轴颈与轴瓦间隙内形成了一个具有承载能力、又有润滑作用的压力油膜，推力轴瓦也是如此。润滑油连续而充分的供给，为压力油膜的形成提供了物质条件，但是油膜的形成以及油膜的承载能力还与润滑油温度有关。如果润滑油温度过高，则润滑油的油性和粘度都将降低。这种油性和粘度都已降低了的油膜，在转子载荷连续振荡的作用下，很易引起油膜的局部破坏。油膜破坏是润滑失效，轴瓦烧坏故障的先决条件，轴承温度过高，还使巴氏合金的强度降低。因此，润滑油温度的上限应设置监视和保护措施，以免影响油膜的形成和降低油膜的承载能力。

此外，轴承温度突然升高可能是轴瓦或其它机械故障的标志，以前大多情况下靠回油温度判，现在大多在瓦背靠近巴氏合金处埋有热阻或热偶，可以很灵敏地监测到瓦温的变化。

3. 为什么要设置转子振动监视和保护?

转动设备的振动是伴随转子高速旋转产生的，是不可避免的。然而振动的产生、特别是振动的发展，对转动设备的安全运行和使用寿命都是有影响的，因此，从设备的结构设计、制造组装工艺到安装维修，都非常重视这一问题，在生产使用中也经常以振动情况来评价设备运行状态的优劣。我国原燃化部和水电部根据行业设备特点、使用性能以及环境条件等情况，制定了行业评定标准。表 8－1 和表 8－2 分别为原燃化部和水电部颁发的转动设备振动判定标准。

振动判定标准是评价设备运行状态优劣的客观尺度，只要将运行设备的振动幅值(或振动烈度)与判定标准比较，就可作出设备运行状态优劣的评价。

为了随时了解和掌握设备的运行状态，目前石油化工企业的大型机组，大多都配置了设备振动的在线监测和保护设施。设备在运行过程中，机械故障绝大多数可以从振动信号中反映出来。由于转子平衡失效，找正情况不佳以及油膜振荡等因素均会引起设备振幅的增加，有时还会出现忽大忽小或突发性的变化，为了机组的安全平稳运行、避免转子振动引起的破坏性故障，转子振动情况的监视和保护措施是非常必要的。转子振动的监视和保护措施，一般设有振动幅值显示、报警、高报警，有些设备高报警与停机联锁，使转子振动达到高报警时即可自动停机。

表 8-1 燃化部标准(1974年)

机组名称 \ 设备名称		主　机	变速箱	副　机
离心式压缩机组		0.05	0.05	0.05
离心式主风机组		0.05	0.05	0.04
离心泵	1500r/min	0.09		0.09
	3000r/min	0.06		0.06

表 8-2 水电部标准(1959年)

转　速 \ 振　值	振　幅/mm		
	优	良	合格
1500r/min	<0.03	<0.05	<0.07
3000r/min	<0.02	<0.03	<0.05

4. 为什么要设置润滑油压力监视和保护?

润滑油压力是保证提供足够润滑油量的特征参数，从油泵出口到各轴承处，要经过较长的管路和管路分支，然后才能进入轴承箱油室，传输中必然造成沿程和局部管路损失，产生压降。供油压力必须高于管路压降值，才能保证油供应到轴承上。同时较大的供油压差可以提高油的流速，保证足够的供油量。压缩机转子在高速运行时需要足够的润滑油，这一方面能使轴颈与轴瓦间形成压力油膜，保持两者之间的液体摩擦，同时也带走了因摩擦而产生的热量，改善了轴瓦的工作条件，保证了压缩机的平稳运行。

如果润滑油压力波动，比如升高，这一方面既增加了能源消耗，同时也增加了油封的难度，产生了润滑油泄漏和油封冲坏的可能性，这对设备的长周期安全运行是非常不利的。如果润滑油压力下降、油量减少，因摩擦产生的热量难以带走，同时轴瓦液体摩擦需要的压力油膜也难以维持，甚至会造成轴瓦烧坏，密封磨损以及叶轮破坏等事故。

为了确保润滑油量的充分供给、维持轴瓦液体摩擦需要的压力油膜，则大型转动机组配置润滑油压力监视和保护措施是十分必要的。

离心式压缩机润滑系统的供油压力，一般设定为0.08～0.15MPa；变速箱的供油压力需要高些，一般设定为0.20～0.30MPa，为了保证轴瓦正常工作需要的压力油膜以及带走因摩擦产生的热量，则一般设定最低供油压力为0.06MPa。当润滑油压力降至0.06MPa时，辅助油泵自启动，并发出声光报警信号，以提示操作人员注意，及时检查处理有关问题。如果实施的处理措施未见成效，润滑油压力继续下降，则一般在0.05MPa的油压值设置自动停机联锁，并同时发出声光报警信号，以提示操作人员已停机。

5. 为什么要设置润滑油温度监视和保护？

润滑油温度是滑润油粘性和油性的参考指标，润滑油温度太低，其粘性增加，流动性和润滑性降低，引起油膜振荡的可能性上升，这对机组的平稳运行是一很大的威胁。

润滑油温度太高，油的流动性增加，粘度降低，形成的油膜厚度减薄，承载能力降低，同时油温太高还可能促使润滑油碳化，导致润滑性能下降。因此，润滑油一般均设有加热升温措施和冷却降温系统。通常润滑油温度低于35℃加热器应投入运行，以提高润滑油温度；油温到40℃时，可停止加热；如果油温升至50℃，则应采取冷却措施，使润滑油温度维持在50℃以内。润滑油箱和润滑油冷却器出口一般均设有温度指示，供操作人员了解和掌握其油温变化情况，在油冷却器出口还设有声光报警系统，一旦油温升至某值(一般为50℃)，就有声光信号发出，以提醒操作人员注意油温偏高，应及时采取有利措施予以处理，使油温降至正常范围。

6. 设置封油压力监视和保护措施的意义是什么?

封油是决定浮环密封装置能否正常工作的重要因素，压缩机的转子在高速旋转时，注入浮环与轴颈间的封油形成一个液体环，该液体环有两方面的作用，一是阻止被压缩气体泄漏至机体外，二是将轴颈与浮环隔开，使轴颈与浮环间形成液体摩擦。就是说封油在浮环密封装置中，不仅保证了浮环密封装置良好的密封性能，同时也满足了浮环与轴颈间液体摩擦的条件。

鉴于封油具有密封和润滑的两种功能，因此封油供给的稳定性就显得特别重要，如果封油压力有所波动，封油供给的稳定性失调，从而导致浮环密封失效，被压缩气体外泄；液体摩擦条件破坏，浮环开始磨损。为确保浮环密封装置良好的密封性能和可靠的液体摩擦条件，则封油压力必须设置监视和保护措施。

封油压力一般在封油泵出口和封油进机前均设有指示，供操作人员检查监视，同时还设有低油压辅助封油泵自启动和声光报警，以及封油高位罐低液面主机自停等保护措施。辅助封油泵自启动压力和封油高位罐低液面的数值，需根据压缩机操作参数的具体情况设定。

7. 设置封油温度监视和保护措施的意义是什么？

封油温度对封油的粘性和油性有直接影响。封油温度太低，油品的粘度增加，流动性和润滑性降低；封油温度太高，其粘度下降，流动性增加，形成的液体密封环的阻抗能力下降，从而降低了浮环密封装置的密封效能。

鉴于封油温度对浮环密封装置工作的可靠性有直接影响，所以封油温度设置监视和保护措施的意义便可想而知。

封油箱一般均设有加热器，机组启动前，封油箱加热器首先投入运行(润滑油箱也如此)，将封油油温加热到 40℃左右，然后启动封油泵，使封油系统投入正常运行。

封油箱和封油冷却器出口一般都设有油温指示，以便操作人员检查、监视油温变化情况，同时冷后油温通常还设有启动联锁和声光报警保护措施，即机组启动时封油温度不得低于某值(一般为 25～35℃)，否则机组无法启动。如果冷后油温太高(如 50℃)，则将发出声光报警信号，以便提醒操作人员，采取有效的降温措施，维护封油的正常温度。

8. 如何判断转子运行状态的优劣？

转子运行状态的优劣是衡量压缩机运行是否正常的重要标志，影响转子运行状态的因素是多方面的，综合起来有以下几点：

① 转子不平衡　转子的不平衡是绝对的，是无法消除的，工程上通常采用平衡精度来区分转子的平衡效果。精度越高，平衡效果越好，转子运行状态越平稳。

② 不对中　离心式压缩机一般是多转子体系，因此，存在着转子间的联接与对中问题，转子的对中是设备安装和检修工作的核心，是决定设备运行好坏的关键环节，不可忽视。

③ 机组的自激振动　转子在运行中由于内部摩擦、气流不均以及油膜失稳引起的振动，这类振动有时是突发性的，且具有很大的破坏力。

④ 喘振现象　喘振是离心式压缩机的固有特性，当气体流量小到一定程度，压缩机就出现喘振现象。喘振时机组振动强烈、噪声很大，应避免这种现象的产生。

以上 4 种影响因素均可使转子的振动加剧，通常判断转子运行状态的优劣，以振动幅值和振动烈度作为标准。

9. 为什么要设置转子位移监视和保护？

转子在高速运行时，由于叶轮前盖板受力面积小于后轮盘，所以产生了由后轮盘指向前盖板的轴向力(如图 2－10)，如果几个叶轮按同一方向布置，则总的轴向力是相当大的，为了平衡轴向力，通常采用叶轮对称布置，增设平衡机构以及设置推力轴承等措施。

尽管在轴向力的平衡上，我们采取了一些有效的技术措施，但转子在运行中仍会因下列因素使轴向力增加：

① 级间密封损坏　级间密封损坏将导致叶轮前盖板处气体大量流回叶轮入口，从而前盖板所受压力降低，结果使轴向力增加。

② 压缩机突然停机　压缩机突然停机后，出口气体排不出，如处理不当还可能造成气体倒流、密封损坏、轴向力增加。

③ 平衡机构失效　平衡机构在正常情况下可平衡一定

轴向力。如平衡管堵塞、平衡盘密封损坏，都将引起平衡能力下降，轴向力增加的后果。

从上述分析可以看出，尽管在设计制造时考虑了轴向力的问题，采取了相应的技术措施，但在生产运行中轴向力仍有上升的可能，轴向力的上升推力轴承载荷增加，如果载荷的增加超出了推力轴承的承载能力，则推力轴瓦将烧坏。转子将向低压端窜动，甚至将导致转子磨损等事故。即使轴向推力稳定，在标准范围内，随着设备运行时间的不断加长，推力瓦面也会产生磨损，加之支撑系统刚性变化等因素，仍可造成轴向位移的增大。轴位移超出范围将导致动、静部件的碰磨，危害较振动值超标严重而突然。为防止烧瓦、窜轴事故的发生，确保机组的平稳运行，所以压缩机转子均设有位移监视和保护措施，位移监视一般设位移指示或变送仪表，供操作人员检查监视用，位移保护一般设声光报警和停机措施。停机是防止窜轴事故进一步扩大。

10. 常见的轴位移保护装置有哪几种形式？

轴位移保护装置是防止转子窜动造成破坏性事故的技术措施，随着压缩机设计和制造技术的不断提高，轴位移保护装置也有新的发展和创新，目前，压缩机已采用过的轴位移保护装置有：哨笛式、触点式、电磁式、液压式以及技术先进的涡流式等5种形式的轴位移保护装置。

11. 哨笛式轴位移保护装置的作用原理是什么？

哨笛式轴位移保护装置是结构比较简单，应用比较早的一种轴位移保护装置，如图8-1所示。哨笛通过联接件安装固定于A点，并使哨笛下端的摩擦轮与转子的轴肩保持一定间隙ΔS_{max}，转子正常运行时，间隙ΔS_{max}保持不变，如果因某种原因造成推力瓦烧坏，转子发生窜动，则轴肩左移，并与哨笛摩擦轮接触，摩擦轮在轴肩旋转的带动下产生转动，并使哨笛发出声响警报，以提醒操作人员处理有关问题。

从上述情况可以看出，哨笛发出的声响警报在设备现场，由于设备运行噪音较大，这种声响警报有时很难听到，加之摩擦轮易于磨损，标准间隙 ΔS_{max} 难以保持和调整，因此，这种轴位移保护装置目前应用较少。对大型离心式压缩机组尤其如此。

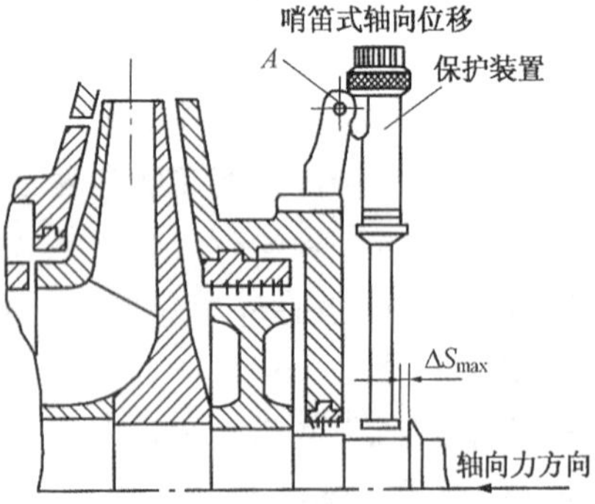

图 8－1　哨笛式轴位移保护位置

12. 触点式轴位移保护装置的结构原理是什么？

触点式轴位移保护装置一般均安装于压缩机入口的轴端，如图 8－2 所示，当机组安装或检修时，触点式轴位移保护装置与转子轴端间隙已经调校合格，比如正常间隙为 0.20mm，低报警位移为 0.40mm，高报警位移为 0.70mm 等。压缩机在生产运行中，由于该间隙的存在，说明转子处于正常运行状态，如推力瓦磨损，转子发生轻度位移，并使触点 1P 闭合，1P 的闭合使声光报警线路接通，发出声光报警信号，以告知操作人员，压缩机转子已产生轴向位移，应采取有效措施防止轴位移进一步发展。如采用措施无效，轴位移进一步增加，并使 $2P$ 触点闭合。$2P$ 触点闭合将引起两方面的结果，一是机组停止运行，二是发出声光报警信号，以提醒操作人员处理有关停机事宜。

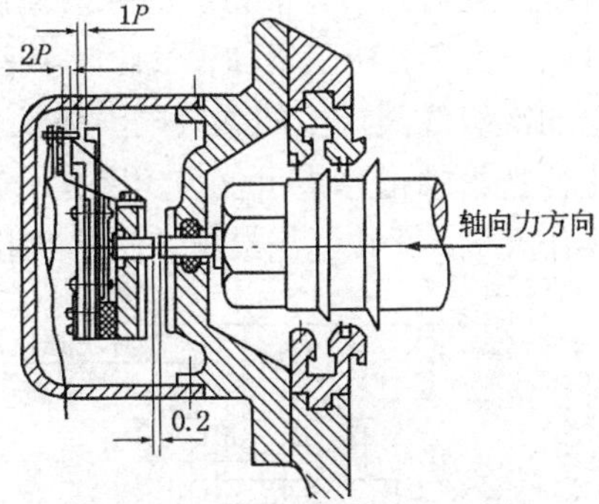

图 8-2　触点式轴位移保护装置

触点式轴位移保护装置比哨笛式较先进，它能将声光报警信号引入操作室，便于操作人员视听和判断故障情况，有利于及时处理故障。但这种保护装置，在外力撞击和振动的干扰下，触点易发生误动作，从而引起操作人员不必要的警觉，而且触点接触时易产生电火花，这对输送易燃易爆气体的压缩机是不允许的，因此，这种轴位移保护装置多用于输送空气的离心式压缩机。

13. 电磁式轴位移保护装置的结构原理是什么？

电磁式轴位移保护装置的结构如图 8-3 所示，它主要由轴位移监视机构、托架和接线盒等部分组成，这种监视装置一般多装于推力盘的轴端。推力盘的凸缘位于轴位移保护装置的山形铁的中间，山形铁中间铁芯绕组线圈有稳压器供给稳定的稳压电源，从而生产一个比较稳定的主磁通，该主磁通分左、右两部分，分别通过山形铁两侧铁芯的次级线圈产生感应电动势。当转子正常运行时，推力盘两侧气隙 a 和 b 保持不变，则两侧铁芯线圈产生的感应电动势稳定不变。如果转子在运行中产生轴位移，推力盘凸缘两侧的气隙 a 和 b 发生变化，气隙增大者，磁阻增加；气隙减小者，磁阻变小，于是两侧铁芯的次级线圈产生的感应电动势发生变化，并经整流将此变化传送给轴位移指示仪表，以显示轴位移实际状况。并提醒操作人员，采取适当措施，恢复机组的正常运行。

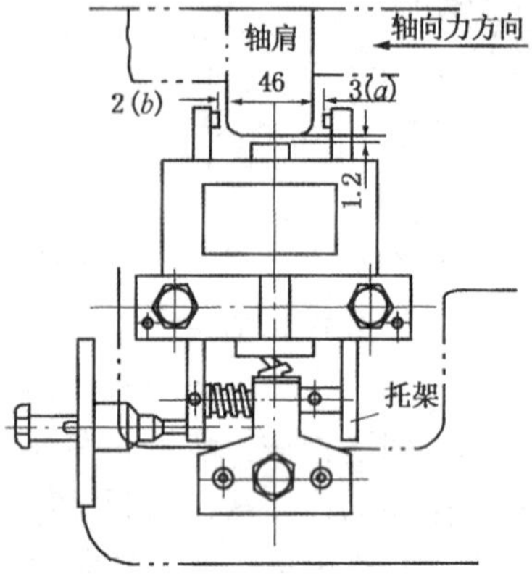

图 8－3　电磁式轴位移保护装置

如措施无效，转子轴位移还进一步发展，气隙 a 和 b 的变化更大。气隙扩大者，磁阻更大；气隙再度减小者，磁阻更小，于是次级线圈产生的感应电动势也更大，经整流传送至轴位移指示仪表的指示值也更大。

图 8－4 为电磁式轴位移保护装置电气接线图，图中指示仪表回路，串联有两个极化继电器 1JJ 和 2JJ，与其并联的是 R_3 和 R_4，安装时可通过调整电阻 R_3 和 R_4，来实现转

子轴位移报警和停机联锁的保护目标。

两侧铁芯的另一对差接2次绕组，其输出接继电器装置的另一硅整流器，整流器输出回路中串联有极化继电器3JJ，与其并联的为电阻R_5，通过电阻R_5的调整，可实现转子反向轴位移的保护措施。

电磁式轴位移保护装置，可以准确的指示轴位移状况，可靠的实现报警和停机联锁的保护措施，因此，在鼓风机和压缩机的行业中，得到了广泛的应用。

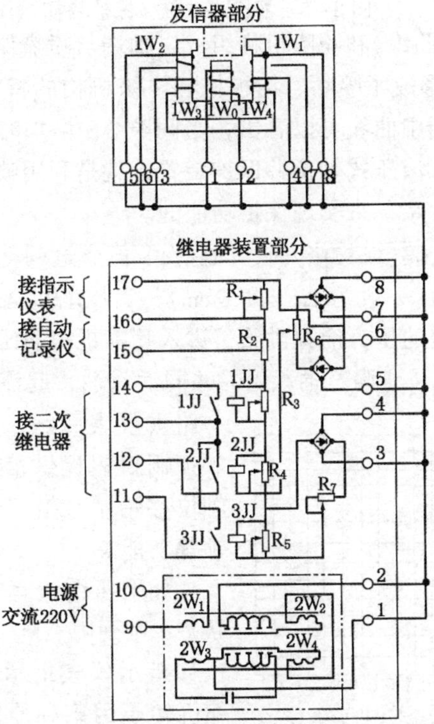

图8－4　电磁式轴向位移监视保护装置的电气回路

14. 液压式轴位移保护装置的结构特点和作用原理是什么？

液压式轴位移保护装置的结构如图 8－5 所示，它是由

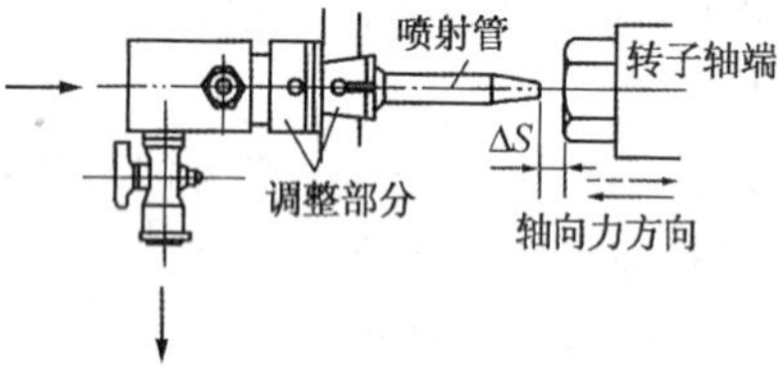

图 8－5　液压式轴位移保护装置

轴端(或轴凸缘)和喷嘴机构组成，轴端与喷嘴保持一定间隙 ΔS，从而形成了喷嘴、档板机构。该机构的特性如图 8－6 所示，从图中曲线可以看出，当间隙 ΔS 增加时，喷嘴内腔压力下降。液压式轴位移保护装置，就是利用喷嘴、挡板机构的这一关系，来实现保护功能的。

设备安装(或检修)时，间隙 ΔS 值通过调整机构，使其达到设定值(一般为 $\Delta S = 1.0$mm)，当压缩机运行时，喷嘴机构有稳定的压力油源供给，进入喷嘴机构的压力油，一部分由间隙 ΔS 泄漏至轴承箱，并同润滑油一起流回油箱，另一路去仪表回路，为指示仪表和控制仪表提供信息，以实现轴位移指示、报警以及停机联锁等功能。

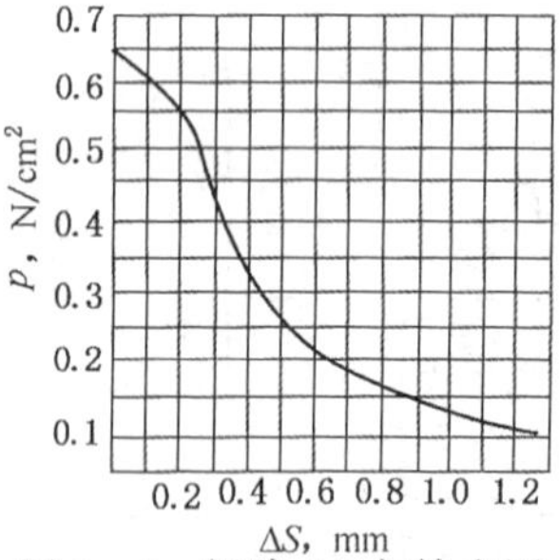

图 8－6　间隙 ΔS 与输出压力 P 的关系曲线

如果压缩机运行处于正常状态，则间隙 ΔS 为 1.0mm，轴位移指示仪表指示为零。当压缩机转子因某种原因产生位移时，间隙 ΔS 减小，泄油量减

少，喷嘴内腔油压升高，轴位移指示由零开始增加。当轴位移进一步发展，间隙 ΔS 值变的更小(如 $\Delta S=0.5$mm 即轴位移也为 0.5mm)，泄油量也更少，喷嘴内腔油压升的更高，此时油压升至一定值，声光报警回路接通，于是发出声光报警信号，以示转子已发生严重轴位移，有关人员应采取对策。

假如对策无效，轴位移再度增加(设定为 0.8mm 即 $\Delta S=0.2$mm)，间隙 ΔS 值再度减小，最终导致停机联锁回路接通，压缩机停止运行，至此，液压式轴位移保护装置的功能，起到了报警、停机的作用。

这种轴位移保护装置，结构简单，安装调校方便，适于易燃易爆气体压缩机。

15. 电涡流位移传感器的结构和原理是什么？

电涡流位移传感器的工作原理是电涡流效应。当接通传感器系统电源时，在前置器内会产生一个高频电流信号，该信号通过电缆送到探头的头部，在头部周围产生交变磁场如果在交变场的范围内没有金属导体材料接近，则发射到这一范围内的能量会全部释放；反之，如果有金属导体材料接近探头头部，则交变磁场将在导体的表面产生电涡流场，该电涡流场也会产生一个方向与交变磁场相反的交变磁场。由于该交变磁场的反作用，就会改变探头头部线圈高频电流的幅度和相位，即改变了线圈的有效阻抗。在一定的范围内，阻抗为距离的单值函数，从而用以测量物体的相对位置。

在实际应用中，通常是将线圈密封在探头中，线圈阻抗的变化通过封装在前置器中的电子线路的处理，转换成电压或电流输出。它可以实现非接触测量，能够直接测量转轴等物体的振动和位移，并且具有灵敏度高、抗干扰能力强、低频特性好、响应速度快、不受油水等介质影响、长期工作稳定可靠等诸多优点，近年来成为大型旋转机械振动测量、轴向位移测量的首选。

16. 超速保护机构的结构特点和作用原理是什么？

超速保护机构一般均采用重锤式，其结构特点如图 8-7 所示，它主要由重锤、套筒、弹簧以及调整垫等零件组成，常装于作为动力机的汽轮机前轴头，并与图中的危急遮断油门配合，共同实现超速保护功能($\Delta S = 1 \sim 1.2$mm)。

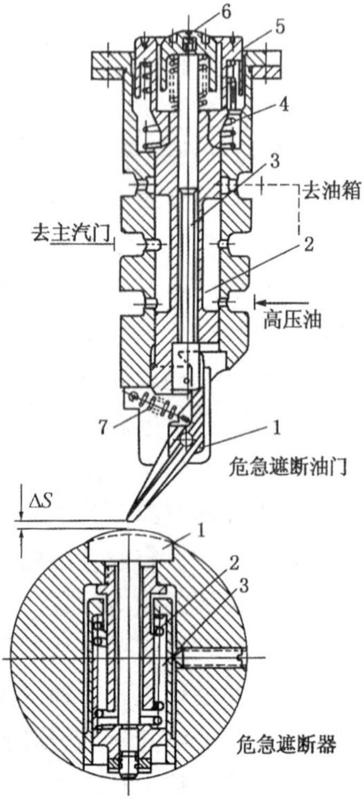

图 8-7 超速保护机构

重锤式超速保护机构，通称危急遮断器。正常运行时，重锤 1 在弹簧 2 的作用下处于图示位置，当转子超速运行(一般为额定转速的 115%)时，重锤离心力大于弹簧力，于是重锤由图示位置飞出，并与危急遮断油门的拉钩 1 相撞击，拉钩在重锤撞击力的作用下离开图示位置，则滑阀 2 在弹簧 4 的作用下，由图示位置向上移，将高压油去主汽门的通路堵塞，主汽门的开启压力消失，因此，主汽门阀芯在弹簧力的作用下而关闭，于是机组停止运行，从而起到了超速保护的作用。

第九章　离心式压缩机的维护与修理

1. 离心式压缩机维护的内容是什么？

离心式压缩机要做到长周期无故障的运行，必须作好机组的使用维护工作，根据机组使用操作情况的差异，其维护工作的内容有以下几个方面：

① 润滑系统　按工艺规程规定时间，检查润滑系统各部位的温度、压力、压差和液位的指示值，发现偏离操作指标时，要及时进行调节，以利于润滑系统的正常运行。

② 密封系统　按工艺规程规定时间，检查密封系统各部位的温度、压力、压差和液位的指示值，如有偏离操作指标规定之情况，要及时进行调节，确保密封系统正常运行。

③ 真空复水系统　按规定时间和路线，检查真空复水系统各部位的温度、压力、真空度和液位的指示值，如有偏离操作指标规定的情况，要及时进行调节，使其恢复正常。

④ 工艺和蒸汽系统　按规定时间和路线，检查工艺和蒸汽系统各部位的温度、压力、液位的指示值，发现偏离操作指标规定的情况，立即进行调节，以便恢复工艺和蒸汽系统正常运行。

⑤ 主机　主机是检查维护的主体，要按规定时间，严格检查各轴承的振动、瓦温、回油情况、转速和轴位移的指示情况，如发现偏离操作指标规定范围，要采取有效措施，排除故障因素，使主机运行转为正常。

⑥ 做好设备、阀门和管线的防冻、防凝工作，避免设

备冻坏、管线堵塞而影响生产。

⑦ 根据检查情况，及时处理发现问题，排除设备的脏、松、乱、缺现象。提高设备运行的可靠性。经常清扫环境和设备的卫生，做到文明生产。

2. 如何搞好设备的维护？

设备的维护工作是设备稳定运行、降低维修费用、提高经济效益的有效措施，因此，应从以下几个方面做好设备的维护工作：

① 加强使用、维护人员的技术培训，提高其技术素质，使每个操作人员，都能掌握设备的结构特点、工作性能以及使用维护规程。

② 根据设备的结构特点、工作性能和使用环境等情况，制定符合设备结构特点，满足设备工作性能和使用环境要求的操作维护规程，以便指导操作维护人员的日常工作。避免设备在超温、超压、超负荷和超转速的状态下运行。

③ 根据设备运行状况和工艺系统调整操作、稳定运行的需要，制定严格的巡回检查制度，按巡回检查路线和要求，对设备的振动、温升、位移和工艺操作指标进行认真的检查，做好操作记录，对检查中发现的设备缺陷和工艺参数偏离操作指标的现象，要认真处理、及时调节，使设备的技术状况和运行状态均处于最佳程度。

④ 根据设备润滑的“五定”和润滑油“三级过滤”制度，认真做好“五定”和“三级过滤”工作，保证润滑油品质量，改善设备润滑条件，使设备在液体润滑状态下平稳运行。

⑤ 根据大型机组设备结构复杂、涉及专业较多的特点，应成立由钳工、电工、仪表工、生产工以及有关管理人员参加的特级维护领导小组，简称“机、电、仪、管、操五位一

体的联合检查小组”。制定特级维护办法和奖惩条例，提高工人和技术人员工作的积极性和责任心，使机组平稳运行有一个严密的组织管理体系。

3. 离心压缩机“特护”中，“机、电、仪、管、操”的巡检内容主要各是什么？

① 钳工　检查轴承、调速系统、密封系统、齿轮传动机构、联轴器是否正常，紧固件有无松动。

② 电工　检查电机的电流是否在范围内，备用油泵的开关是否在自启动位置，各种接地有无松动，各指示灯是否失灵，电机冷却系统是否正常。

③ 仪表工　检查轴振动和轴位移探头间隙电压是否良好，阀门定位器和调节阀的开度是否正常，转速表、压力表、流量计、温度计等计量表计是否失灵，仪表空气和各引压线是否带液，防喘振控制系统以及压力、温度、流量控制回路是否工作正常。

④ 操作工　检查压缩机的转速、流量、各段进出口压力与温度，汽轮机的进气流量、压力、温度和凝汽器的真空度、复水器液位，各轴承的振动值、转子轴位移值及其方向，润滑油的压力与温度，调节油、密封供油(或气)的压力以及密封系统的泄漏状况等，重点是压缩机的进口流量和凝汽器的真空度。

⑤ 管理技术人员状态监测人员检查并收集、整理通频振动趋势，各振动分量(即低频、半频、工频、二倍频、三倍频、……)幅值及相位的变化趋势、轴心轨迹、进动方向、频谱图等，重点是低频、半频、工频、二倍频的变化趋势，并且每月要对机组运行状况提出书面报告。

车间设备员主要是全面了解并掌握机组的运行状况，及时横向联系处理设备所存在的缺陷。

机动处（科）主管人员　是检查并督促各车间机、电、仪、操、管人员的特护巡检，全面了解并掌握机组的运行状况，每月组织特级维护分析会，并对运行中所出现的较大问题或缺陷组织处理。

4. 润滑油和封油过滤器阻塞的原因和后果是什么？如何处理？

润滑油和封油是轴承形成液体润滑、浮环形成油膜密封的物质条件，是机组稳定运行的命脉，但是，经常由于下列原因，造成润滑油和封油过滤器阻塞，影响机组的正常运行。

① 机组在安装或检修过程中，润滑和密封两系统的设备、阀门和管路清理不彻底，其内部残留有焊渣、药皮及其他固体颗粒，当润滑油和封油两系统循环时，随油流进入过滤器，造成过滤器阻塞。

② 润滑油和封油由领油桶加至油箱过程中，没有严格执行“三级过滤”制度，或加油设施各环节由于管理不善造成污染，污染物在加油过程带入油箱，油系统循环时造成过滤器的阻塞。

③ 冬季开车、油系统启动时没有加热，油温低、粘度大，过滤网易产生阻塞；

④ 机组运行过程，由于气体介质含有 H_2S 等腐蚀性气体，并窜入封油和润滑油系统，腐蚀系统设备、阀门和管线，产生腐蚀产物，并随循环油流进入过滤器，造成过滤器阻塞。

过滤器阻塞会造成以下严重后果：

① 过滤网通过能力降低，承受压力增加，因此，可能导致过滤器变形，过滤网破裂等故障。

② 由于过滤器阻塞、过滤压降大。过滤后压力低，这

将直接影响轴承进油压力，影响轴承液体润滑和浮环油膜密封的形成，从而导致轴承和浮环的烧坏事故。同时也可能造成低油压停机故障。

鉴于过滤器阻塞会造成过滤器变形、轴瓦和浮环烧坏以及停机等故障，因此，过滤器阻塞现象，应及时按下列方法处理：

① 将阻塞的过滤器切除，备用过滤器投用；

② 折除过滤器端盖，取出过滤器芯子，用煤油或其他清洗剂，清除过滤器芯子表面附着的污染物，用风吹干，组装备用。

5. 何为状态监测和故障诊断？它对压缩机的正常运行有何意义？

(1) 状态监测

状态监测是人们通过自身的视觉、听觉、嗅觉和触觉等感觉器官，或利用专用的仪器仪表，对设备状态参数的监视和测定。并以此来了解和掌握设备运行状况，预测设备运行发展的趋势，制定设备维护和修理规划，为设备的维护、修理超前提供技术信息。

根据状态监测所采用手段的不同，可分为主观状态监测和客观状态监测两种。主观状态监测就是人们通过自身感觉器官，对设备状态参数的监视和测定。这种监测方式简单易行，不需要专用仪器仪表。但要求监测人员有丰富的实践经验和较强的判断能力，以便通过自身的感受，分析对比，作出可靠的判断。

客观状态监测就是利用仪器仪表的功能，对设备状态参数的监视和测定。这种监测方式，不仅可指出设备运行状态的优劣，而且能用客观的数据，说明运行状态的优劣，因此，这种监测方式得到了普遍的应用。由于客观状态监测需要专用仪器仪表，所以要求监测人员有较高的技术素质，以便能熟练的掌握和应用各种仪器仪表。

(2) 故障诊断

故障诊断是状态监测技术的进一步开发和应用，它不仅能帮助人们了解和掌握设备运行状况，而且能对设备故障的原因、部位和应采取的技术措施，作出准确的判断。

故障诊断属于信息技术，其工作过程包括3个主要环节：

① 信息采集　即利用各种传感器，如温度传感器、振动传感器和人体自身的感觉器官等，将设备的特征参数信息加以采集。

② 信息处理　对采集到的原始信息进行信息处理，如最常用的是通过付立叶变换将时域的信号转变成频域信息，以便获得设备最敏感、最直观的特征参数。

③ 状态识别、判断和预测　根据信息处理提供的最敏感、最直观的特征参数，参照有关标准、规范，利用已掌握的知识和经验，识别设备运行状态的优劣，判断设备故障类型，预测设备运行状态的发展。

由于状态监测和故障诊断，具有识别设备运行状态优劣、判断和预测设备运行状态发展的功能，因此，它对压缩机和其他大型机组的安全运行具有重要的指导意义。

6. 离心式压缩机的检修周期是根据哪些因素确定的？

离心式压缩机或其他大型机组的检修周期应综合考虑下列因素确定：

① 装置生产周期　炼油化工生产装置的生产周期，是制约压缩机和其他大型机组检修周期的重要因素，生产装置的生产周期一般均在3~5年，如工艺操作平稳、设备维护较好，则装置生产周期将会更长，因此，要求压缩机或其他大型机组能有更长的运行周期，以满足生产装置长周期运行的需要。

② 设备运行状况　设备运行状况是制定设备检修计划的依据，压缩机和其他大型机组的检修，一般情况下均与装置检修同步进行，但是，如果状态监测和故障诊断工作开展得较好，通过监测和诊断，不仅确认目前设备运行状况良好，而且也预测到下一个周期设备运行的可靠性，这样，压缩机的检修周期可适当延长。

③ 材料配件准备情况　材料配件是完成检修工作的物质基础。一旦大型机组列入检修计划，应组织人力，抓好材料配件的落实工作。制造周期长、精度要求高的配件，要由专业工程技术人员负责到底，以免出现差错，影响工期。如果材料配件准备不够充分，特别是技术性、专用性较强的配件未能落实，机组解体后失效、超标和损坏的配件不能及时更换，则机组检修计划是否实施，何时实施要慎重考虑。

④ 检修规程　大型机组的检修规程，不仅提出了检修内容和程序，还制定了检修标准，明确了检修周期的范围。因此，在确定大型机组何时检修时，应参考检修规程。

7. 离心式压缩机常规检修的内容是什么?

常规检修系指压缩机平稳运行一定时间,正常停机后的解体检修。不包括轴瓦烧坏、气封磨损以及断轴等事故下的停机抢修。

常规检修内容有以下几个方面:

(1) 压缩机解体检查修理

① 清除转子各部位结垢和腐蚀产物，检查转子所属零部件的腐蚀、冲刷、磨损等情况，更换或修复损坏零部件。

② 测量转子各部位径向和轴向跳动，测量轴颈的圆柱度，处理超标现象，做动平衡校验。

③ 清除隔板组件的结垢和腐蚀产物，检查隔板冲刷、腐蚀和磨损等情况，更换或修复损坏的级间密封。

(2) 齿轮箱解体检查修理

① 清洗齿轮轴，检查齿轮啮合顶间隙、侧间隙和接触面积。调整齿轮轴，使其水平度、平行度以及各部位间隙和接触面积符合标准要求。

② 测量各轴颈的圆柱度，刮研各轴瓦，使轴瓦间隙、接触角度和接触面积符合标准要求。

(3) 汽轮机解体检查修理

① 清除转子污垢，检查转子叶片、汽封等零件的损坏情况，更换损坏零件。

② 测量转子各部位径向和轴向跳动，测量轴颈的圆柱度，做动平衡校验。

③ 清除隔板和静叶片污垢，检查静叶片、级间密封的损坏情况，更换或修理损坏零件。

④ 清洗检查主汽门、调速汽门、油动机、调速器等部件。

(4) 辅助系统的检查修理

① 清洗润滑、密封和真空复水等 3 个系统的设备、阀门和管线的污染、结垢。检查磨损情况，清除污染和结垢物，更换磨损超标零件，提高 3 个系统工作的可靠性。

② 检查校验仪表、电气系统的控制、保护仪器仪表的准确性和可靠性。

8. 转子各主要部位径向跳动(或径向圆跳动)和轴向跳动(或端面圆跳动)的控制标准是什么？

转子是压缩机对气体作功的惟一部件，压缩机在工作过程中，转子处于高速旋转状态，因此，与定子各相应部位需保留一定间隙，以免运行中转子与定子产生摩擦，造成磨损。但间隙还不能太大，以防泄漏损失增加，影响压缩机的运行效率，为确保转子有较高的运行效率和可靠性，则转子各主要部位(如图 9－1 所示)的径向跳动和轴向跳动应控制在表 9－1、表 9－2 所规定的标准之内。

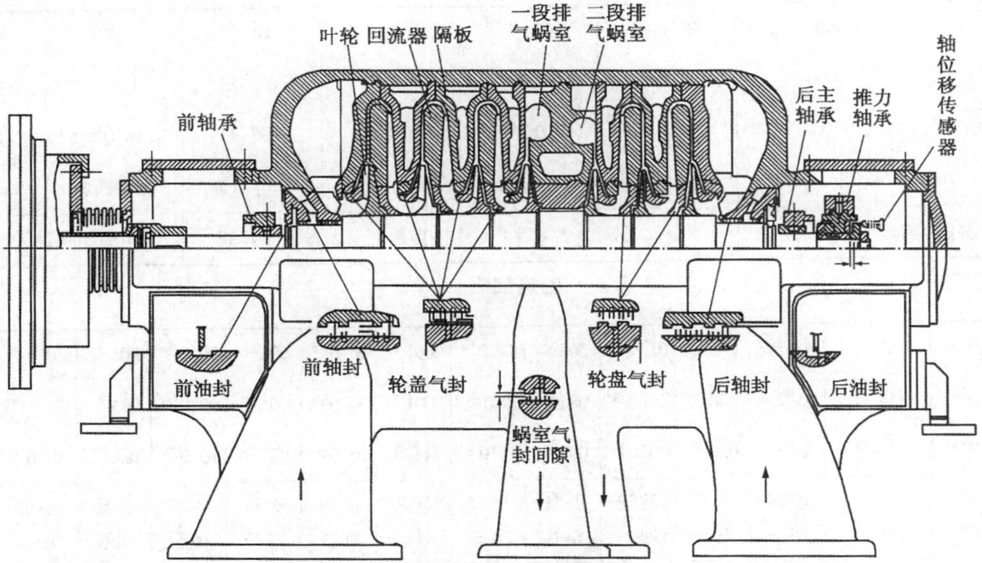

图 9－1　转子与定子各部位关系图

表 9－1　径向跳动

mm

轴颈		油封		轴端密封		叶轮外径		轮盖密封		轮盘密封		段间密封	
公称直径	径向跳动	公称直径	径向跳动	公称直径	径向跳动	公称直径	径向跳动	公称直径	径向跳动	公称直径	径向跳动	公称直径	径向跳动
<100	≤0.01	≤350	≤0.05	≤350	≤0.05	≤500	≤0.15	≤400	≤0.06	≤350	≤0.05	≤400	≤0.20
≤200	≤0.015	≤700	≤0.06	≤700	≤0.06	≤1000	≤0.2	≤800	≤0.07	≤700	≤0.06	≤600	≤0.25
>200	≤0.02	>700	≤0.08	>700	≤0.08	>1000	≤0.25	>800	≤0.10	>700	≤0.08	>600	≤0.30

表 9－2　轴向跳动

mm

联轴器内套外圆端面		推力盘工作面外圆端面		轮盖进口端面外圆		叶轮出口两侧面外圆	
径向尺寸	轴向跳动	径向尺寸	轴向跳动	径向尺寸	轴向跳动	径向尺寸	轴向跳动
≤150	≤0.01	≤180	≤0.01	≤300	≤0.10	≤500	≤0.40
≤250	≤0.015	≤300	≤0.015	≤700	≤0.15	≤1000	≤0.50
>250	≤0.02	>300	≤0.02	>700	≤0.20	>1000	≤0.60

9. 支承轴瓦顶部和两侧间隙应控制在什么范围？如何测量其值？

支承轴承有圆瓦轴承、椭圆瓦轴承、多油楔轴承和可倾瓦轴承等形式，由于轴承结构各有特点，因此，间隙大小略有不同。

① 圆瓦轴承　图 9－2 为对开式圆瓦轴承结构图，从图示可以看出，轴承分上下两部分，通称上轴承体和下轴承体，上下轴承体由销钉定位，用螺栓联为一个整体，轴放入轴承后，将产生如图 9－3 所示的顶部间隙 a_1 和侧间隙 a_2，正常情况下侧间隙为顶间隙的 1/2，即 $a_2 = a_1/2$。圆瓦轴承顶间隙一般均按表 9－3 所给范围控制。

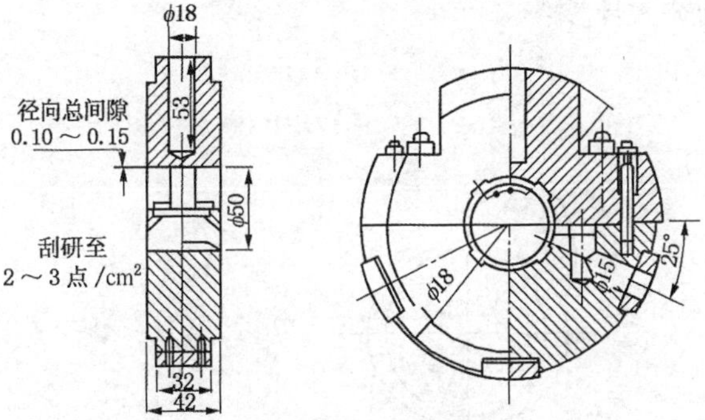

图 9－2　圆瓦轴承

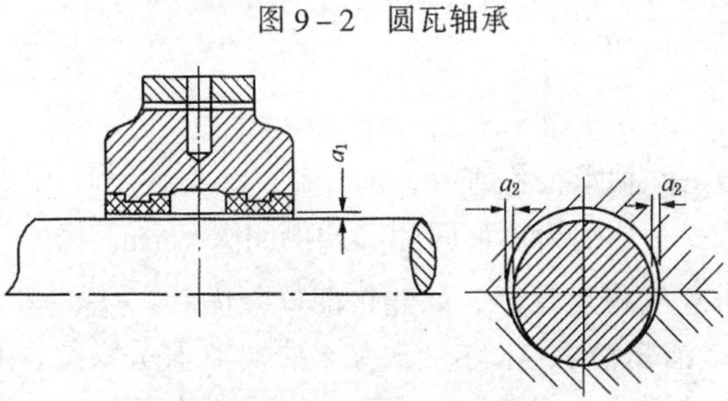

图 9－3　轴瓦间隙示意图

表 9-3　轴瓦顶间隙标准　　　　　　(mm)

轴径 D	轴瓦间隙		轴径 D	轴瓦间隙	
	最　小	最　大		最　小	最　大
65	0.15	0.21	175	0.38	0.50
80	0.20	0.30	200	0.50	0.65
100	0.25	0.35	225	0.50	0.65
115	0.25	0.35	250	0.55	0.70
125	0.26	0.37	300	0.75	0.90
150	0.30	0.50	350	0.75	0.90

② 椭圆瓦轴承　椭圆瓦轴承的内表面呈椭圆形，因此，两侧间隙大于顶间隙，如图 9-4 所示，轴瓦间隙一般用下列公式计算：

$$a_1 = (1 \sim 1.5)D/1000 \qquad (9-1)$$

$$a_2 = (1 \sim 3)D/1000$$

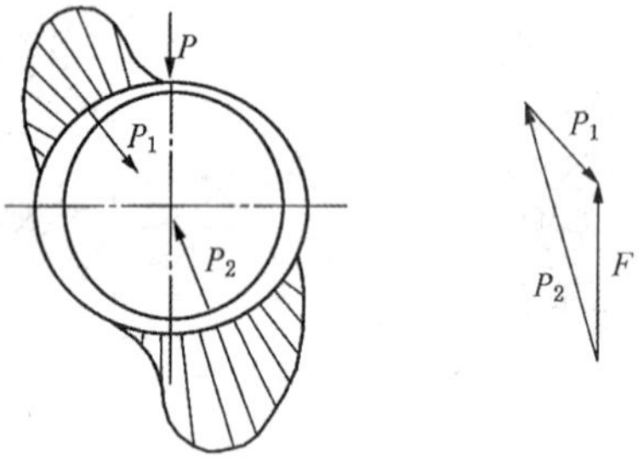

图 9-4　椭圆瓦轴承示意图

式中　D——轴承公称直径，mm；

a_1、a_2——分别为顶部间隙和两侧间隙，mm。

该轴承有稳定性好、散热性能好等优点。

③ 多油楔轴承　图 9-5 为 4 油楔轴承示意图，其中 4 个偏心圆将形成 4 个油楔，由于偏心圆数的不同，有单向结

构(偏心圆数为3或5)和双向结构(偏心圆为2、4)等两种形式、轴瓦顶间隙等于侧间隙，其间隙值为(1.5~2.5)$D/1000$，D为轴承公称直径。

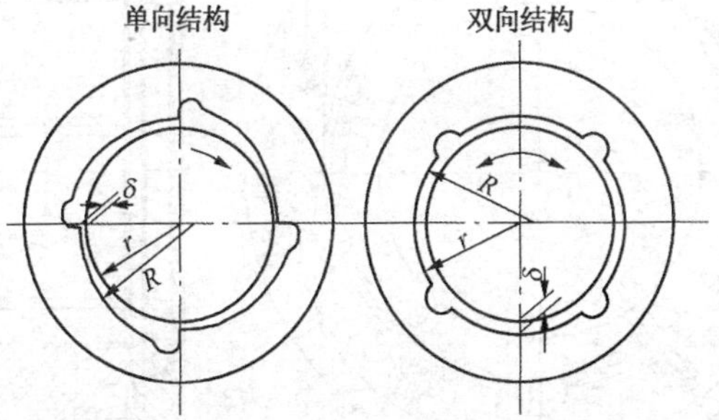

图9－5　多油楔轴承示意图

④ 可倾瓦轴承　可倾瓦轴承的结构如图9－6所示，它主要由瓦壳、瓦块和固定销等零件组成。瓦块数量有3、4、5、6等几种形式。压缩机一般多采用5块瓦结构，有的上瓦壳组装2块，下瓦壳组装3块，也有的下瓦2块，上瓦3块。其中有一块在正下方，以便停车状态支承转子和冷态找正使用，此种瓦间隙的正常范围一般为(1.2~2.5)$D/1000$。

轴瓦间隙的测量方法如下：

① 圆瓦轴承间隙测量方法　圆瓦轴承间隙一般采用压铅法测量。图9－7为压铅法测量轴承间隙示意图，所用铅丝的规格为：直径为顶间隙设计值的1.5~2.5倍，长度取10~20mm，按图示位置和数量放好，将上轴承体扣上，均匀把紧螺丝，用塞尺检查上下轴瓦剖分面间隙，各处间隙均匀,可将上轴承体取下，用千分尺测量各铅丝厚度，并用下式求出轴瓦间隙值δ：

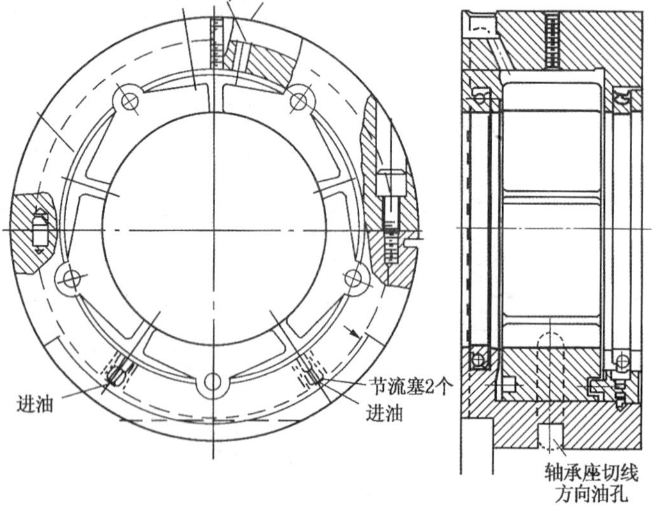

图 9－6　可倾瓦轴承示意图

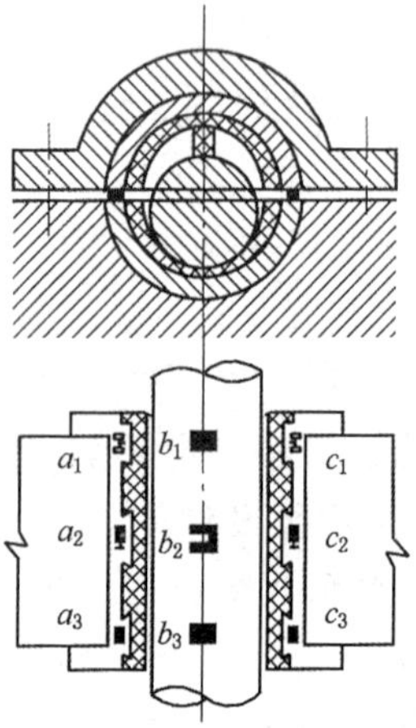

图 9－7　压铅法测轴瓦间隙

$$\delta = \frac{b_1 + b_2 + b_3}{3} - \frac{a_1 + a_2 + a_3 + c_1 + c_2 + c_3}{6} \tag{9-2}$$

式中 b_1、b_2、b_3——轴颈上方各铅丝压扁后的厚度，mm；

a_1、a_2、a_3和c_1、c_2、c_3——分别为轴瓦结合面上铅丝压扁后的厚度，mm。

间隙求出后与标准间隙值比较，如大于标准值上限，可调整瓦口垫片或更换新轴瓦；若小于标准值下限，可增加瓦口垫片或继续刮研轴瓦予以解决。

② 可倾瓦轴承间隙的测量方法　可倾5块瓦轴承是常见的可倾瓦轴承的一种，5块瓦沿圆周均布，如图9-8所示，由于上轴承体的两块瓦不在顶部位置，因此，测出的cd不是顶间隙，顶间隙ab需要通过下式求出：

$$ab = \varepsilon \cdot cd \tag{9-3}$$

式中 ab——轴承顶间隙，mm；

cd——上轴承两瓦块间隙平均值，mm；

ε——换算系数，对5瓦块$\varepsilon = 1.1$。

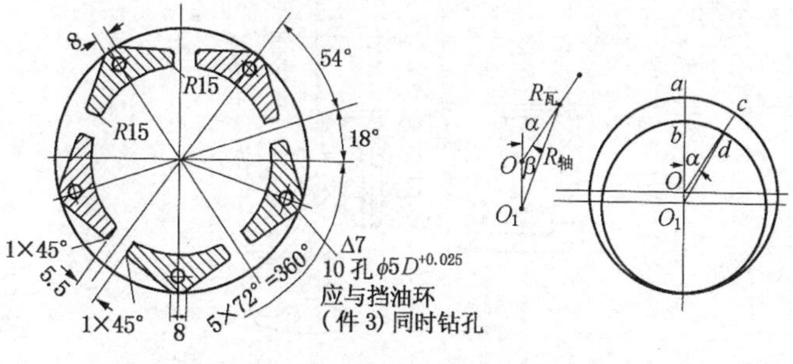

图9-8　可倾瓦间隙测量示意图

cd之值由压铅法测得，顶间隙ab由上式算出后，与标准值进行对比，如超出标准范围，应通过刮瓦、增减瓦口垫片或更换瓦块予以解决。

10. 推力轴承的结构特点是什么？轴瓦间隙应控制在什么范围？其值如何测量？

推力轴承以承受轴向推力而命名，为缩短转子的轴向尺寸，推力轴承常与支承轴承联合，组成径向止推联合轴承，如图 9－9 所示。这种轴承主要由支承瓦块、支承瓦壳、推力瓦块、推力瓦块组装环等零件组成。转子正常运行时，主推力瓦块与推力盘接触，并承受转子的轴向力，推力瓦的间隙是保证润滑油正常流动，便于形成油膜的有效技术措施。因此，应科学的留出推力瓦间隙，一般推荐该间隙值为 0.20～0.35mm 之间，支承轴颈大者取上限，小者取下限。

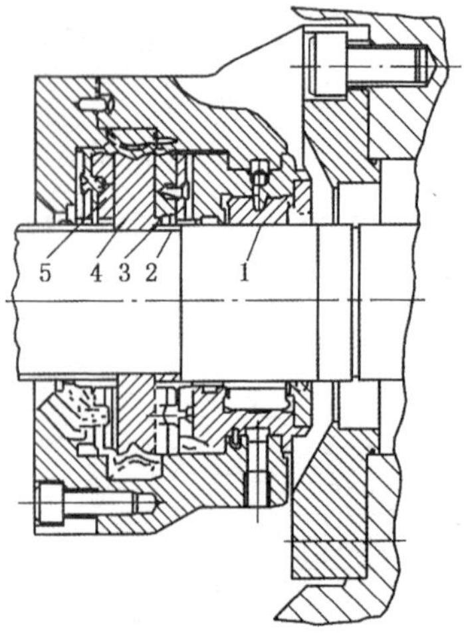

图 9－9　径向轴承和止推轴承

1—支持轴承瓦块；2—定距套；

3—推力瓦块；4—推力盘；5—推力瓦块

推力轴承的轴向间隙也称转子窜量，其测量方法是：先将转子推到一侧极限位置，架好千分表，使表头指向推力盘工作面，记录表针指示值，然后将转子推至另一侧极限位置，并记录表针指示值，两次所测数据之差，即为推力轴承轴瓦间隙(也可用塞尺直接测出。图 9-10 中 a_3 即为推力瓦间隙。

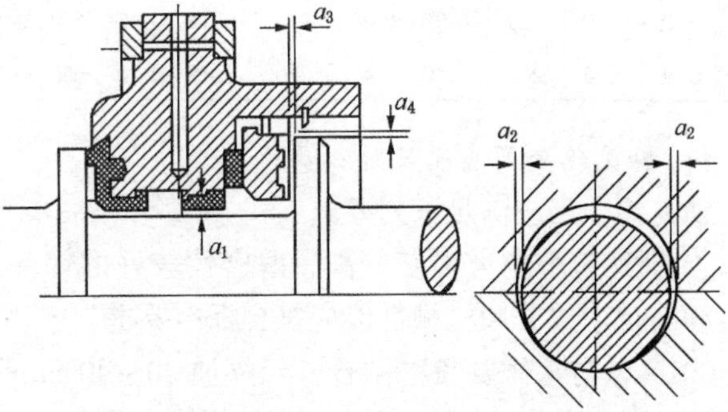

图 9-10　推力瓦间隙示意图

11. 油封、轴端气封、轮盖气封、轮盘气封的间隙应控制在什么范围？如何测量其值？

油封、轴端气封、轮盘气封和轮盖气封的半径间隙值应符合表 9-4 规定的范围。

上述间隙的测量，一般多在上机壳打开之后和扣盖之前，用塞尺分别测量一次。上机壳打开后的测量数据，是检查各气封的磨损情况，是进一步开展检修工作、制定修理方案的重要依据。扣盖之前的测量，主要是检查修理工作是否符合规范要求，以便作到心中有数。

表 9-4 转子各部位间隙值 mm

油封		轴端气封		轮盘气封		轮盖气封	
公称直径	间隙范围	公称直径	间隙范围	公称直径	间隙范围	公称直径	间隙范围
80	0.15～0.20	140	0.25～0.30	160	0.20～0.30	500	0.35～0.55
120	0.20～0.25	180	0.30～0.35	200	0.30～0.40	550	0.40～0.60
160	0.25～0.30	220	0.35～0.40	240	0.40～0.45	600	0.45～0.65
180	0.30～0.35	260	0.40～0.45	280	0.45～0.50	650	0.50～0.70

12. 轴瓦钨金层应满足什么要求?

轴瓦钨金层应满足下列要求:

① 轴瓦钨金应为强度较高、耐磨性较好的锡基巴氏合金，合金化学成分和机械性能应符合标准要求。

② 钨金与基体要紧密贴合，经煤油 20～40min 的浸泡，取出擦干，在钨金与基体的结合处，涂一层白色粉笔灰，10～20min后，粉笔灰不得变色。

③ 钨金表面无气孔，无夹渣、无裂纹、无毛刺等缺陷。

④ 要有良好的耐磨性、抗振性，以免运行中，钨金层龟裂、脱落现象发生。

13. 轴瓦与轴颈研磨达到什么标准为合格?

轴瓦与轴颈研磨达到下列标准为合格;

① 轴颈与轴瓦接触角不小于 60°;

② 接触点沿轴向均布，其接触点数不少于 2～3 点/cm^2;

③ 轴瓦间隙符合标准规定。

14. 对瓦背接触面和紧力有什么要求?

对瓦背接触和紧力的要求是;

① 瓦背接触应均匀，接触面积不小于 85%；

② 瓦背紧力在 0.03～0.05mm 之间。

15. 轴颈圆柱度的允差是多少？

轴颈圆柱度的允差不大于 0.015～0.03mm。

16. 转子水平度允差是多少？

转子水平度允差不大于 0.05mm。

17. 压缩机机壳中分面自由间隙是多少？

压缩机机壳中分面自由间隙不大于 0.05mm。

18. 齿轮箱的检修内容和标准是什么？

(1) 齿轮箱的检修内容

① 齿轮箱解体，检查主动和从动齿轮轴的轴颈、齿面和轴瓦的磨损情况；

② 测量轴瓦间隙，齿轮啮合间隙、啮合面积和沿齿长啮合情况，测量齿轮轴的水平度、平行度和两齿轮轴的中心距等数据；

③ 清洗零件表面、齿轮箱内表面，保持齿轮箱的清洁度。

(2) 齿轮箱检修应符合的标准

① 轴瓦间隙应符合表 9－5 的规定：

② 齿轮啮合侧间隙为 0.20～0.30mm，顶间隙为 1.2mm；

③ 轮齿工作面啮合良好，接触面积不小于 70%，沿齿长接触不小于 90%；

④ 两齿轮轴线的平行度允差为 0.02～0.04mm；

⑤ 齿轮轴的水平度允差不大于 0.03mm/m；

⑥ 两齿轮轴中心距允差不大于 0.05mm；

⑦ 齿轮箱中分面自由间隙不大于 0.05mm；

⑧ 齿轮联轴器的轮齿啮合良好。

表 9-5　齿轮箱轴瓦间隙　mm

公称直径	140	130	120	110	100	80
间隙范围	0.28~0.35	0.26~0.33	0.24~0.30	0.22~0.27	0.20~0.25	0.16~0.20

19. 机组同心度(或同轴度)允差应控制在什么范围?

机组同心度允差控制范围为：圆周不大于 0.03mm，端面不大于 0.02mm。

20. 润滑油泵和封油泵检修的内容和控制标准是什么?

(1) 检修的内容

① 主、辅油泵解体，检查齿轮轴颈、轮齿工作面磨损情况；

② 泵体内部清洗、齿轮轴及其他零件清洗；

③ 测量轴颈和齿轮各部尺寸，测量轴瓦间隙和齿轮啮合的侧间隙、顶间隙。

(2) 控制标准

① 泵体和零件清洗干净、无尘埃；

② 齿顶和泵壳内表面间隙为 0.08~0.15mm；

③ 齿轮端面与泵壳内侧面间隙为 0.10~0.15mm；

④ 各轴瓦间隙为 0.08~0.12mm；

⑤ 齿轮啮合侧间隙为 0.15~0.20mm；

⑥ 轮齿工作面无拉伤、咬合、裂纹等缺陷。

第十章　离心式压缩机的试运转及验收

1. 离心式压缩机大修后为什么一定要试运转?

离心式压缩机解体检修，包括原动机大修、齿轮箱大修，压缩机和辅助系统设备大修等内容。各单体设备大修内容有：零件清洗、损坏零件更换、各部位间隙调整以及机组监视和保护措施的校核和整定等，检修工作是在时间紧任务重的情况下进行的，为了检查和考核设备检修质量，提高机组长周期安全运行的可靠性，减少设备事故，增加企业效益，为此，设备大修后一定要进行试运转。

离心式压缩机组是大型转动设备，通常有主机和辅助设备之分，试运转时首先进行辅助设备的试运转，如润滑油系统、封油系统以及真空复水系统等，辅助系统设备、仪表经试运合格后进行主机试运转。主机试运一般以 4h 平稳运行为宜。

2. 机组试运转应具备哪些条件?

机组试运转应具备如下条件：

① 主机和辅助系统设备的检修工作结束，并达到了工完料净场地清的标准。

② 主机和辅助系统设备的检修质量，经检查符合规范标准。

③ 润滑油和封油系统油冲洗合格，并已注入适量的机组所需牌号的油品。

④ 电气和仪表系统检修调校工作结束，各部位温度计、压力表等配备齐全。

⑤ 主蒸汽、密封气和冷却水管线经检查符合干净、密封和阀门灵活的标准。

⑥ 润滑油系统的设备和阀门经试运考核满足生产要求，仪表和电气的调节、控制和自保元件的性能经试运转考核灵活好用。

⑦ 封油系统的设备、阀门经试运转考核满足生产要求，仪表和电气的调节、控制和保护元件的性能调试完毕，核灵活好用。

⑧ 真空复水系统的设备、阀门和管线经抽空试验严密，灵活好用。

⑨ 调速系统静态试验完毕，性能符合要求。

以上 9 项工作经检查或试运转符合标准要求，则主机可启动进行试运转。

3. 润滑油系统试运转验收的标准是什么？

润滑油系统是主机安全运行的重要保证体系之一。一般均设有润滑油温度、压力低时，主机启动联锁。润滑油压力低时，辅助油泵自启动联锁。润滑油温度、压力参数低，主机自停联锁等保护措施。同时还设有润滑油温度、压力、压差和液位等参数低时声光报警信号，因此，润滑油系统试运验收应按下列标准进行：

① 润滑油温度和压力参数达到主机启动联锁设定值，解除主机启动联锁制约。

② 润滑油压力低于辅助油泵自启动设定值时，辅助油泵可及时启动投入运行，并有声光报警信号给出。

③ 润滑油温度和压力低于主机自停联锁设定值时，主

机自停机联锁投用，主机立即自动停运，并能给出相应的声光报警信号。

④ 润滑油温度、压力、压差和液位等参数达到声光报警设定值时，有相应的声光报警信号给出。

以上验收标准，只提出了试运验收项目和参数名称，其参数的设定值各单体设备按自身特性设定。

4. 封油系统试运转验收的标准是什么？

封油系统是提高离心式压缩机轴端密封性能，防止气体介质外漏，避免环境污染和火灾爆炸事故的有效技术措施。为确保封油系统运行的可靠性，封油系统常设有封油温度、压力参数低，主机启动联锁；封油压力参数低，辅助封油泵自启动联锁封油温度、压力参数低，主机自停联锁等保护措施，同时还设有封油温度、压力、压差和液位等参数低的声光报警信号。因此，封油系统试运转验收标准应按下列条件进行：

① 封油温度或压力参数能低于主机启动联锁设定值，解除主机启动联锁的制约。

② 封油系统油压低于辅助油泵自启动设定值时，辅助封油泵能自动启动投入运行，并有相应声光报警信号给出。

③ 封油系统油温、油压低于主机自停联锁设定值时，主机自停机联锁投用，主机立即自停，并能给出相应的声光报警信号。

④ 封油的油温、油压、差压和液位等参数低于声光报警设定值时，有相应的声光报警信号给出。

以上所提验收标准，仅有验收项目和参数名称，至于参数的设定值，要根据设备操作条件给出。

5. 真空复水系统试运转验收的标准是什么?

真空复水系统运行状态的好坏，直接影响原动机输出功率的大小(原动机为电动机或背压式汽轮机无此系统)，因此，一般均设有影响复水器冷却效果的复水器液位上限辅助复水泵自启动联锁，以及汽轮机排汽压力越上限的主机自停联锁；同时还设有排汽压力越上限的声光报警信号，根据以上设置的监视和保护措施，则真空复水系统试运转验收按下列条件进行：

① 复水器液位越上限时，辅助复水泵立即自动启动投入生产运行，并有相应的声光报警信号。

② 汽轮机排汽压力高于停机联锁设定值时，主机立即自动停运，并发出相应的声光报警信号。

③ 汽轮机排汽压力高于声光报警设定值时，相应的声光报警信号可立即给出。

真空复水系统试运验收条件如上所述，其参数的设定值，应根据设备的设计条件设定。

6. 汽轮机单机试运转验收的标准是什么?

汽轮机单机试运转必须有润滑系统、密封系统以及真空复水系统的密切配合，因此，汽轮机单机试运验收标准应包括以下内容：

① 润滑油系统经试运转考核，副泵自启动联锁、主机启动联锁和自停机联锁以及各项声光报警信号达到验收标准。

② 封油系统经试运转考核，副泵自启动联锁、主机启动联锁和自停机联锁以及各项声光报警信号达到验收标准。

③ 真空复水系统经试运转考核，副泵自启动联锁、主机自停机联锁以及各项声光报警信号达到验收标准。

④ 汽轮机调速系统各部相应参数的对应关系符合设计

标准，比如汽轮机转速与一次油压、二次油以及油动机的行程等相应关系。

⑤ 危急遮断器经超速试验，其动作灵敏可靠，跳闸转速允差为设计值±30r/min；

⑥ 危急遮断油门和磁力断路油门经试验灵活可靠。汽轮机单机经试运，符合上述标准时可进行验收。

7. 整机试运转主要考核哪些项目？其标准是什么？

离心式压缩机整机试运转是全面考核检修质量的重要环节，考核项目和验收标准如下：

① 检修资料　检修资料要齐全，所有数据要清楚、准确、符合标准要求，零件修理、更换记录无误。

② 振动　机组在试运转过程中，各轴承部位的振动幅值不大于0.05mm；或符合说明书和其他标准的要求。

③ 轴承温度　轴承温度是重要考核项目之一，经8h试运转轴承温度不得大于65℃；或符合说明书和其它标准的要求。

④ 原动机输出功率　经试运转原动机输出功率达到设计标准，或满足生产需求。

⑤ 压缩机性能　代表压缩机性能的流量和压比符合设计标准，或满足生产需求。

⑥ 调速器性能　在机组启动和运行过程中，能平稳控制转速，使转速波动率不大于5%，调速系统迟缓率不大于0.5%。

⑦ 辅助系统润滑油、封油和真空复水系统符合验收标准，满足生产要求。

⑧ 仪表齐全好用　现场压力表和温度计以及仪表室控制调节仪表齐全灵活好用。

⑨ 管线和阀门　所有管线阀门的联接处无泄漏现象。

整机试运转达到上述标准，可办理验收签证。

第十一章　离心式压缩机常见故障及其处理

1. 润滑油箱液面下降的原因是什么？如何处理？

(1) 润滑油箱液面下降原因

① 冷油器管束因应力或腐蚀开裂、穿孔，使润滑油漏于冷却水中。

② 管路油冷器管壳之间和阀门法兰联接处密封不严产生泄漏。

③ 油压太高或油封间隙太大，润滑油由油封处漏损。

④ 低点排空阀门未关严，润滑油由排空阀跑去。

(2) 处理措施

① 堵塞裂缝、穿孔的冷却管或更换管束。

② 更换泄漏处联接垫片，上紧联接螺栓，使各联接处无渗漏现象。

③ 调整系统油压或更换油封零件，使油压和油封间隙符合标准要求。

④ 经常注意检查，关好低点排空阀门，防止润滑油由此泄漏。

2. 润滑油压力下降的原因是什么？如何处理？

(1) 润滑油压力下降的原因

① 润滑油过滤器堵塞，油压损失太大。

② 主油泵磨损严重，间隙超标，供油压力不足。

③ 回油阀失效，主油泵输出的润滑油，经回油阀反回

油箱。

④ 轴瓦损坏，轴瓦间隙严重超标，泄油量增加太多。

⑤ 油温升高，润滑油粘度下降，各部位泄漏量增加较多。

⑥ 压力表失灵，润滑油压力正常，但压力表指示有误。

(2) 处理措施

① 解体检查清洗润滑油过滤器，保持过滤器的清洁度，减少油压损失。

② 解体检查主油泵磨损情况，更换磨损零件或将油泵整体更新，确保油泵处于完好状态。

③ 解体检查修理回油阀，更换损坏零件或将回油阀整体更新，确保回油阀好用。

④ 停机检查轴瓦磨损情况，更换损坏严重，间隙超标的轴瓦，保持轴瓦间隙符合设计标准。

⑤ 打开油冷却器水阀或使开度增加，提高冷却水流量，使油温降至正常。

⑥ 更换压力表，输通压力表接管，使润滑油压力能准确无误地传至压力表。

3. 润滑油温度上升或下降的原因是什么？如何处理？

(1) 润滑油温度上升或下降的原因

① 油冷器冷却水管阀门未开或开度不够，润滑油的热量不能及时被水带走。

② 润滑油加热器启动后未停，使润滑油一直处于加热升温状态。

③ 油冷器管束结垢严重，冷却效果很差，润滑油的热量无法及时带走。

④ 气温突然升高，油温和冷却水温受气温影响而升高，

冷却水量又未及时调节。

⑤ 轴瓦间隙较小，或巴氏合金脱落，摩擦严重，并产生大量热量。

⑥ 冬天气温突然下降，油温和冷却水温受气温影响而下降，冷却水量又未及时调小。致使油温下降。

(2) 处理措施

① 检查并打开冷却水阀或将冷却水阀开度增大，增加冷却水流量，使油中热量及时带走。

② 停止加热器工作，避免润滑油温因加热器未停而升高。

③ 解体检查油冷器，清除管束污垢层，提高油冷器换热效率，使润滑油中热量能及时带走。

④ 及时调节冷却水流量，使气温突然升高带来的影响，由冷却水流量予以平衡。

⑤ 检查并修理轴瓦，使轴瓦间隙适当扩大，减少摩擦产生的热量。

⑥ 冬天当气温突然下降时，要及时调小冷却水流量，避免润滑油热量带走太多，油温偏低。

4. 润滑油泵不上量是何原因？如何处理？

(1) 润滑油泵不上量的原因

① 入口过滤器堵塞，管路阻力太大，阀板脱落，润滑油流动受阻。

② 泵入口段有漏气现象，泵的吸入能力下降。

③ 润滑油泵磨损严重，各部位间隙严重超标，泵的吸入能力受到影响。

④ 润滑油箱呼吸孔阻塞，油箱具有一定的真空程度，影响泵的吸入性能。

⑤ 润滑油箱液面下降得太低，油泵无法吸入润滑油。

(2) 处理措施

① 解体检查并清理入口过滤器，减少管路阻力，提高润滑油泵入口的通过能力，增加润滑油的输出量。

② 检查、必要时更换泵入口段法兰联接所用垫片，上紧螺栓，提高入口段各联接部位密封的可靠性，促使润滑油泵吸入能力形成或提高。

③ 解体检查油泵磨损情况，更换磨损零件或油泵整体更新，确保各部位间隙符合设计标准，从而保证油泵具有较好的吸入性能。

④ 检查并清理润滑油箱呼吸孔，确保呼吸孔工作正常。

⑤ 检查润滑油箱液位下降情况，注入适量合格润滑油品，保证液位在标准规定高度。

5. 封油箱液位下降的原因是什么？如何处理？

(1) 封油箱液位下降的原因

① 油冷器管束因应力腐蚀有管子裂纹或穿孔，封油由此泄漏。

② 管路系统法兰联接处，有螺栓紧力不够、垫片失效等现象，形成封油泄漏跑损。

③ 封油与密封气压差太大，封油沿轴封间隙窜入机体。

④ 梳齿密封的密封齿冲掉或冲倒，无形成气封的能力，封油可穿过气封损坏处窜入机体，造成封油损失。

(2) 处理措施

① 解体检查油冷器管束、堵塞裂纹或穿孔管，或更换油冷器芯子，确保油冷器处于完好状态。

② 检查管路系统法兰联接处，更换失效垫片，上紧联接螺栓，提高管路系统密封的可靠性。

③ 调节封油与密封气压差，使其值经常处于操作指标范围，防止封油因油气压差失调而窜入机体，造成封油损失。

④ 解体检查梳齿密封，更换梳齿冲掉或冲倒的密封体，保持梳齿密封的完好状态，提高梳齿密封装置的密封性能，避免封油因密封齿损坏而窜入机体。

6. 封油压力下降的原因是什么？如何处理？

(1)封油压力下降的原因

① 封油过滤器堵塞，油压阻力损失太大。

② 封油泵严重磨损，各部位间隙严重超标，致使泵的排出能力下降。

③ 管路各联接部位密封不严，有泄漏现象存在。

④ 泵出口回油阀失灵，大量封油经此阀流回油箱。

⑤ 浮环密封间隙超标，泄油量太大，导致封油压力下降。

⑥ 封油温度太高，油的流动性较好，各部位间隙泄油量增加。

⑦ 压力表或引压管失灵，系统油压未能反应出来。

(2) 处理措施

① 解体检查清理过滤器，确保封油过滤器差压在规定范围之内。

② 解体检查修理封油泵，更换磨损零件或封油泵整体更新，以便维持封油泵的完好。

③ 检查管路各联接部位密封情况，更换失效垫片，上紧联接螺栓，提高管路系统的密封性和工作的可靠性。

④ 解体检查修理回油阀。更换失效零件或回油阀整体更新，确保回油阀灵活好用。

⑤ 主机停运，解体检查修理浮环密封装置，更换失效零件，保证密封间隙符合标准要求，提高浮环密封装置工作的可靠性。

⑥ 打开或开大封油冷却器水阀，提高冷却水量，降低封油温度，使其达到正常，从而保持各部位间隙正常的泄油量。

⑦ 校验或更换压力表，检查输通引压管，确保系统压力能准确反应出来。

7. 润滑油与封油互窜的原因是什么？如何处理？

(1) 润滑油与封油互窜的原因

① 润滑油进机压力高，轴瓦和油封间隙大，润滑油可由此窜入封油。

② 润滑油油温高，油的粘度下降而流动性得到改善，导致润滑油窜入封油。

③ 润滑油回油系统阻塞，油流不畅，轴承箱油池液面太高，润滑油沿轴封间隙窜入封油。

④ 封油压力过高，浮环间隙太大；油温太高，油的粘度下降，流动性增强以及封油回油系统阻塞，油流不畅等情况，同样会导致封油窜入润滑油故障的产生。

⑤ 浮环卡死，浮环间隙形不成环形密封油膜，密封气夹带封油，从油膜缺口处窜入润滑油。

⑥ 封油或润滑油压力不稳。

(2) 处理措施

① 检查轴瓦和油封间隙，更换间隙超标的轴瓦和油封零件，提高其工作的可靠性；调节进机油压力，使其在操作指标范围。

② 调节油冷器冷却水流量，使润滑油温度控制在正常

范围。

③ 检查回油系统，使润滑油回路畅通无阻，轴承箱无润滑油积存。

④ 检查浮环间隙，更换间隙超标浮环，保证浮环有可靠的工作性能；调节封油压力，使其处于正常操作指标范围；调节油冷器冷却水流量，控制封油温度在操作指标范围，检查并畅通回油系统，保持封油回油系统无阻塞现象等措施是防止封油窜入润滑油的有效途径。

⑤ 解体检查清理浮环内杂物，使浮环在压力油膜的作用下能自由浮动，在浮环间隙内建立有效的液体密封环，避免气体夹带封油现象的产生，从而防止封油窜入润滑油。

⑥ 检查并调整工艺操作系统。

8. 润滑油和封油污染的原因是什么？如何处理？

(1)润滑油和封油污染的原因

① 密封气未经净化处理或净化处理效果较差，使密封气中含有大量 H_2S 等腐蚀性介质，造成管路系统严重腐蚀，从而导致封油和润滑油的污染。

② 气体介质脱液不完全，残存液体颗粒在气体夹带下获得速度和压力能，并随气流一起进入机体，这种具有速度和压力能的液体颗粒，对梳齿密封的密封齿会产生很大冲击力，密封齿在冲击力的连续作用下，密封齿将遭到破坏，密封性能下降或完全丧失，这就导致带液气体介质窜入封油和润滑油中，并将其污染。

③ 密封气压力波动大，这不仅会使封油窜入机体，同时也可能出现气体介质窜入封油之中，造成封油和润滑油的污染。

④ 汽轮机密封汽带水，并沿汽封窜入汽轮机轴承箱，

导致润滑油的污染。

(2) 处理措施

① 采取有效措施提高密封气净化效果，使密封气中 H_2S 等腐蚀性介质的含量达到标准要求，或采用无腐蚀性的氮气作为密封气，避免封油直接与腐蚀性气体介质接触。

② 调节操作指标，改进工艺流程，增设脱液措施，使进机气体介质无液体夹带现象，消除液体颗粒对密封齿的冲击破坏作用，确保密封装置的密封性能，从而杜绝夹带液体对封油和润滑油的污染。

③ 加强巡回检查，注意操作参数，保证密封气压力的稳定性，提高梳齿密封装置工作的可靠性，防止介质气体窜入封油。

④ 作好蒸汽的脱水工作，注意进机蒸汽的温度和压力，确保蒸汽参数的稳定性，使进机蒸汽不带水。

9. 调速机构不灵活的原因是什么？如何处理？

调速机构包括错油门，油动机和调速汽门等 3 部分。

(1) 调速机构不灵活的原因

① 错油门套筒与滑阀配合间隙太小，滑阀表面有毛刺、铁屑或动力油带入腐蚀性产物等使错油门滑阀上下移动受阻，动力油不能及时进入油动机活塞上或下腔，油动机活塞无位移，调速汽阀开度无变化，即调速机构不灵活。

② 油动机活塞与拉杆不同心，或活塞缸套与密封腔不同心，组装后整个机构别劲，活塞表面有毛刺、铁屑或动力油中有铁锈等杂质，使油动机活塞卡死，从而造成整个调速机构失灵。

③ 调速汽阀拉杆卡死，调速汽阀掉锤等情况的存在都表现为调速机构失灵。

(2) 处理措施

① 检查并修理错油门套筒与滑阀，使两者配合间隙符合标准要求：修理滑阀表面，将表面毛刺、铁屑清除，使表面光洁度达到图纸要求；更换润滑油或将所用油进行过滤，清除腐蚀性产物，使错油门滑阀上下移动灵活。

② 检查并调整油动机活塞与拉杆、活塞缸套与密封腔的同心度，使组装后的活塞无别劲或卡死现象；修理活塞表面，清除表面毛刺、铁屑等脏物；过滤油中铁锈或更换合格的润滑油，确保润滑油的质量，从而提高油动机的灵敏度和工作的可靠性。

③ 检查并处理调速汽阀掉锤、阀锤排列顺序和伸出长度不符合标准要求的异常现象，修理拉杆弯曲、表面粗糙、易于卡死的缺陷，使调速汽阀动作准确、灵活。

10. 汽轮机转速上不去的原因是什么？如何处理？

(1) 汽轮机转速上不去的原因

① 主蒸汽温度、压力低于操作指标，蒸汽内能低，出力不足。

② 蒸汽快开阀过滤网堵塞，进机蒸汽受阻，其流量减少，压力降增加，影响蒸汽作功。

③ 调速汽阀掉锤并堵塞了蒸汽进机通道，蒸汽流量减少，作功下降。

④ 复水器真空度低于操作指标，汽轮机排汽受阻，影响输出功率。

⑤ 汽轮机叶片结垢，表面粗糙度增加，级间能耗上升，影响汽轮机出力。

⑥ 汽轮机超负荷运行，油动机活塞已到最低点，调速汽阀开度已到最大限度，调速器接受的升速信号已失去

效能。

(2) 处理措施

① 调整主蒸汽操作参数，使温度、压力满足操作指标要求。

② 解体检查并清理快开阀过滤网，清除障碍物，确保进机蒸汽流量和压力。

③ 检查调速汽阀阀锤的工作情况，处理掉锤或阀位不符合标准的异常现象，确保阀锤处于标准状态。

④ 检查抽气器喷嘴，并清除喷嘴堵塞杂物，保持抽空系统良好的性能，检查复水器的冷却效果和密封性能，清除冷却器中的污垢，堵塞影响真空度的泄漏部位，使复水器真空度达到设计要求。

⑤ 清除汽轮机叶片污垢，保持叶片光洁度，减少摩擦和汽阻。

⑥ 调节压缩机负荷，使汽轮机在额定负荷附适运行，确保调速系统各机构能充分发挥其调节效能。

11. 复水器真空度下降的原因是什么？如何处理？

(1) 复水器真空度下降的原因

① 两级抽气器喷嘴堵塞，抽气器性能发挥受到影响。

② 复水器管结垢，冷却效果降低，进机蒸汽不能获得有效的冷凝。

③ 真空系统密封性能差，有密封失效、焊缝不严或腐蚀穿孔现象。

④ 抽气器的冷却器结垢或水管堵塞，冷却效果下降。

⑤ 复水器液面太高，影响复水器冷却效果。

⑥ 循环水压力低或温度高，不符合复水器操作指标的要求。

⑦ 汽轮机叶片结垢，蒸汽膨胀受阻，其内能不能很好地释放。

(2) 处理措施

① 检查两级抽气器喷嘴，清除结垢和堵塞物，使抽气器处于完好状态。

② 打开复水器两端盖板，清除复水器污垢，使复水器冷却效果达到设计标准，或满足生产运行的要求。

③ 检验真空系统焊缝和密封部位的严密性，补焊泄漏焊缝和腐蚀穿孔，更换失效密封垫片，确保真空系统密封的可靠性。

④ 打开抽气器冷却器，清除污垢和水管的堵塞物，确保抽气器的效果。

⑤ 启动辅助复水泵，使复水器液位恢复正常，并进一步检查复水器液位太高的原因，提出处理措施，保持复水器的正常工作。

⑥ 检查循环水进装置管线，清除阻塞杂物，通知循环水场提高循环水压力，降低循环水温度，使循环水参数符合操作指标要求。

⑦ 解体检查汽轮机结垢情况，清除叶片污垢，保持汽体通道的清洁度，提高蒸汽膨胀作功的效能。

12. 径向轴瓦温度升高的原因是什么？如何处理？

(1) 径向轴瓦温度升高的原因

① 轴瓦间隙太小，润滑油排泄量不够充分，摩擦产生的热量不能及时带走。

② 轴承进油节流孔偏小，进油量不足，摩擦产生的热量无法全部带走。

③ 进机油温偏高，提高了轴承工作的环境温度，轴瓦

温度自然偏高。

④ 轴承设计结构不合理，轴瓦处于超负荷运行，轴瓦与轴颈无法形成液体摩擦。

⑤ 轴瓦浇铸质量不佳或巴氏合金牌号成分不对，无法满足生产使用要求。

⑥ 润滑油中有水或含有其他杂质，降低了润滑油的油性和粘性，影响了压力油膜的形成，造成了边界摩擦或干摩擦现象。

(2) 处理措施

① 检查轴瓦配合间隙，刮研轴瓦内径，使轴瓦与轴颈配合间隙，符合标准要求。

② 检查轴承进油节流孔板，加大节流孔径，使润滑油流量满足使用要求。

③ 开大油冷却器水阀，增加冷却水流量，降低润滑油进机温度，改善轴承工作环境。

④ 改进轴承设计结构，改善轴瓦承载情况，降低轴瓦运行负荷，确保轴承在液体摩擦状态下工作。

⑤ 选择高速轻载巴氏合金(一般为锡基巴氏合金)，化验分析合金成分是否符合标准要求，提高浇铸质量，严格加工精度，满足生产使用要求。

⑥ 采取过滤措施，将润滑油中水分和杂质清除，或更换新的合格油品，确保润滑油的性能符合运行要求。

13. 推力瓦温度升高的原因是什么？如何处理？

(1) 推力瓦温度升高的原因

① 结构设计不合理，推力瓦承载面积太小，单位面积承受负荷超标。

② 级间密封或中分面密封失效，使后一级叶轮出口

气体泄至前一级，增加叶轮两侧压力差，形成了较大的推力。

③ 平衡管堵塞，平衡盘副压腔压力无法泄掉，平衡盘作用不能正常发挥。

④ 平衡盘密封失效，工作腔压力不能保持正常，平衡盘平衡能力下降，并将下降部分载荷传至推力瓦，造成推力瓦超负荷运行。

⑤ 推力轴承进油节流孔径小，油流量不足，摩擦产生的热量无法全部带走。

⑥ 润滑油中带水或含有其他杂质，推力瓦不能形成完整的液体润滑。

⑦ 轴承进油温度太高，推力轴瓦工作环境不良。

(2) 处理措施

① 校核推力瓦压强，适当扩大推力瓦承载面积，使推力瓦单位面积承受载荷在标准范围之内。

② 解体检查级间密封和中分面密封状况，更换损坏的级间密封零件，刮研中分面，杜绝中分面密封失效现象。

③ 检查平衡管，清除堵塞物，使平衡盘副压腔的压力能及时泄掉，保证平衡盘平衡能力的发挥。

④ 更换平衡盘密封条，提高平衡盘密封件的密封性能，保持平衡盘工作腔的压力，使轴向推力得到合理的平衡。

⑤ 扩大轴承进油节流孔孔径，增加润滑油流量，使摩擦产生的热量能及时带走。

⑥ 采取过滤措施，将油中水分和杂物清除，或更换新的合格油品，保持润滑油的润滑性能。

⑦ 开大油冷却器水阀，增加冷却水流量，降低轴承进油温度，改善轴瓦工作环境。

14. 强噪声的来源是什么？如何治理？

(1) 强噪声的来源

① 管线组对别劲，设备受外力太大，运行中设备因受外力而产生振动，同时产生强噪声。

② 设备支承或设备内有焊缝开裂，在气流作用下，焊缝开裂的设备或钢板将产生振动和强噪声。

③ 齿轮加工精度、光洁度或啮合状况不好，运行时噪声较大。

④ 机组同心度偏差较大。

⑤ 机组在运行中由于流量偏离设计点较多(偏小)，压缩机产生喘振现象，喘振工况产生的同时，机组振动加剧并伴有强烈的吼叫声。

⑥ 机组在运行中由于润滑油压力、温度的变化，轴承有可能产生油膜振荡，油膜振荡时机组伴有强烈振动和噪声。

(2) 治理措施

① 松脱组对法兰螺栓，检查错口偏口现象，采取有效措施，解决与设备联接法兰的错口偏口问题，从而解除法兰联接给设备带来的附加力。

② 检查设备支承或设备内的导流板、分液板等的焊缝情况，将焊缝开裂或支承松脱问题处理完好。

③ 检查齿轮啮合情况，调整齿轮轴的平行度、交叉度和中心距，使齿轮啮合达到标准要求，并通过跑合工艺提高齿轮的光洁度和精度，从而降低运行噪声。

④ 检查并调整机组同心度，使同心度偏差在标准范围之内。

⑤ 开防喘振阀或开大2回1反喘振阀，恢复压缩机的

正常运行，排除因喘振而产生的振动和噪声。

⑥ 油膜振荡与轴承结构、轴瓦间隙、轴承比压及润滑油温度等参数有关，当轴承类型确定后，应通过减小轴瓦间隙，增加轴承压力，适当提高润滑油温度等措施来防止油膜振荡的产生，当机组投入运行后，保持润滑油适当的温度更为重要。

15. 轴振动超标是什么原因？如何处理？

(1) 振动超标的原因

① 机组对中允差超标，这是引起机组振动的主要原因之一，机组对中包括原动机与齿轮箱以及齿轮箱与压缩机的对中工作，其中任一处对中允差超标都将引起同样后果。

② 转子由于结构设计不合理，制造工艺欠佳，出厂时平衡状态不良，或在安装使用过程中产生新的不平衡。

③ 机组出入口管线联接别劲，或走向不合理，工作时引起较大热应力。

④ 转子与定子同心度允差超标，有摩擦碰撞现象。

⑤ 工艺系统波动，气体介质流量大幅度变化，引起压缩机喘振。

⑥ 轴承类型选择、结构设计不合理，或使用维修时，轴瓦间隙、润滑油温度等参数控制不当。

(2) 处理措施

① 检查转子对中情况，调整机组各轴承，使其符合机组转子对中标准的要求；转子对中时要考虑机组工作状态下温度的影响，并将温升较高的轴承予留一热胀值，使机组运行状态的对中达到最佳状态。

② 从设计制造入手，作到结构设计合理，制造组装工艺精良，确保出厂时转子平衡状况符合标准要求；在使用维

修过程中，要做到精心维护、科学检修，防止转子平衡精度遭到破坏。

③ 松开出入口法兰联接螺栓，或重新配管，纠正错口偏口现象，解除附加应力；改进管路走向，降低工作状态管线对设备的作用力，使设备在运行过程中处于最佳状态。

④ 解体检查转子与定子的同心度，调整转子(或定子)，使其同心度符合标准要求，避免转子与定子的摩擦碰撞现象。

⑤ 按时进行巡回检查，注意操作参数的变化，做到精心操作、及时调节，防止压缩机在喘振边界或喘振区运行。

⑥ 选择抗干扰性能较好的轴承，设计时适当减少轴瓦承载面积，以提高轴承比压；在使用维修过程中，适当减小轴瓦间隙和提高润滑油温度，使轴瓦的运行处于稳定状态。

16. 压缩机入口带液的原因是什么？如何处理？

(1) 压缩机入口带液的原因

① 工艺系统输送的气体介质脱液不完全，气流中含有液体。

② 工艺系统温度较低，气体介质中密度较大的组分冷凝为液体。

③ 凝缩液罐液面太高，气体介质通过时将液体带走。

(2) 处理措施

① 联系工艺系统，调整工艺操作，使气体介质完全脱液，并使脱液罐液面保持稳定。

② 联系工艺系统，提高系统温度，确保气体介质无凝结现象。

③ 开凝缩液泵，降低中间分液罐液面，防止气体夹带现象产生。

17. 中间冷却器出口温度太高是何原因？如何处理？

(1) 富气中间冷却器出口温度高的原因

① 中间冷却器管束结垢，冷却效果下降，富气热量无法被冷却水带走。

② 冷却水温度较高、压力偏低或流量偏小，富气热量不能完全带走。

③ 富气温度偏高或流量增加，冷却水未及时调大，富气热量无法全部带走。

(2) 处理措施

① 解体检查中间冷却器，清除管束污垢，提高冷却效果，确保富气温降在操作指标内。

② 联系循环水场，降低循环水温度，提高循环水压力，保证循环水的操作参数符合工艺指标。

③ 调整工艺操作、降低富气温度；降低压缩机转速，减少富气流量；开大冷却器水阀，增加冷却水流量，确保富气温度符合工艺操作指标。

18. 机组性能下降的原因是什么？如何处理？

(1) 机组性能下降的原因

① 压缩机级间密封损坏严重，密封性能下降，气体介质内部回流增加。

② 叶轮冲刷磨损严重，转子功能下降，气体介质得不到足够的动能和位能。

③ 汽轮机快开阀过滤网堵塞，蒸汽流通受阻，流量小、压降大，影响汽轮机输出功率，降低了机组的性能。

④ 调速汽阀掉锤、或阀锤伸出长度超标，蒸汽进机受阻，其流量小、压降大，使汽轮机输出功率降低，机组性能下降。

⑤ 汽轮机叶片结垢，使蒸汽膨胀受阻，影响了蒸汽膨胀作功的转化率。

⑥ 复水器真空度低于操作指标，汽轮机排汽受阻，使蒸汽膨胀作功的转化率降低。

⑦ 蒸汽温度、压力参数低于操作指标，蒸汽内能较低，不能满足机组生产运行要求。

(2) 处理措施

① 解体检查压缩机，更换已损坏的级间密封零件，提高级间密封的密封性能，减少气体介质内部回流损失。

② 更换冲刷磨损严重的叶轮，使转子达到设计标准，从而提高转子的工作效能，以满足生产运行的需要。

③ 汽轮机快开阀解体检查，清除过滤网堵塞物，提高过滤网通过能力，增加蒸汽流量，降低其阻力损耗，使汽轮机输出功率达到设计指标。

④ 解体检查调速汽阀，处理掉锤或阀锤伸出长度超标事宜，满足蒸汽进机需要的通道和空间。

⑤ 汽轮机进行解体检查，清除叶片上的污垢层，减小蒸汽膨胀阻力，提高蒸汽膨胀作功的转化率。

⑥ 打开复水器端盖，检查并清理复水器管束污垢层，提高复水器冷凝效果；检查两级抽气器喷嘴，清除喷嘴堵塞物，提高抽气器的抽气能力；检查复水器密封部位，更换失效密封垫片，提高其密封性能，通过上述措施，使复水器真空度达到操作指标，从而提高蒸汽膨胀作功的转化率。

⑦ 联系送汽单位，提高蒸汽温度和压力，使蒸汽参数满足操作指标的要求。

第十二章　离心压缩机部分设计和制造标准介绍

1. 我国有关石油化工离心压缩机制造和设计的标准有哪些?

查询我国国家标准和有关行业标准，其离心压缩机有关的部分标准为：

① JB/T4113 石油化工、天然气和重化工工业用整装齿轮式空气压缩机。

② JB/T6443 石油化工、天然气和重化工工业用离心式压缩机。

③ JB/T9559 石油化工、天然气和重化工工业用联轴器。

④ JB/T6765 炼油厂工业汽轮机技术条件。

2. 国际上最流行的有关石油化工离心压缩机的标准有哪些?

目前国际上引用较多离心压缩机标准是美国石油学会标准(American petroleum institute)，简称 API。该标准由一系列标准组成，有关石油化工及压缩机的部分标准如下：

API 612 石油、化工、天然气工业用特种用途蒸汽透平。

API 617 石油、化工、天然气工业用离心式压缩机。

API 671 石油、化工和天然气工业用联轴器。

API 672 石油、化工和天然气工业用集装齿轮式空气压缩机。

API 670 机器保护系统。

API 614 特种用途润滑和控制油系统。

API 541 或 546 电机。

3. API 标准引用的主要标准有哪些?

API 引用了大量美国国内，甚至国际上专业性强、技术比较权威的标准，主要摘要如下:

① ASME(American Society of Mechanical Engineers)标准

该标准为美国机械工程师协会标准，主要内容是对连接管线、法兰，相配的压力容器，材料焊接进行规范。

② ASTM(American Society for Testing and Materials)标准

该标准为美国材料和试验协会的标准。主要内容对各种用途的材料(管材、板材、连接件)的成分、性能、使用条件、焊接检验进行了规范。

③ AGMA(American Gear Manufacturers Association)标准

该标准为美国齿轮制造协会标准。对齿轮进行了分类，并有详细的检查和检验导则。

④ IEEE 标准(Institute of Electrical and Electronics Engineers)电气和电学工程师协会标准。

⑤ AWS 标准(American welding society)该标准为美国焊接协会标准。

⑥ NEMA(National Electrical Manufactures Association)该标准为美国国家电气制造商协会标准，对电气设备的密封性能进行了规范。

⑦ ISO 标准 (International organization for standardization)该标准为国际化组织标准。对螺纹尺寸、公差、规格及对润滑油的粘度进行分类。

⑧ NFPA(National Fire Protection Association)美国国家消防协会标准。主要对电气设备结构和压力密封及电力标记做出规范。

⑨ ANSI(American National Standards Institute)美国国家标准学会标准。

⑩TEMA(Tubular Exchange Manufactures Association)美国管式换热器制造商标准。

⑪ NACE(National Association of Corrosion Engineers)美国国家防腐蚀联合会标准。

4. API标准的主要目的是什么?

API标准说明中明确指出，本标准的目的是为石油化工设备销售制订一部规范，用作产品订货的参考。

5. API对压缩机、整装齿轮、联轴器、汽轮机、润滑和密封油的设计、制造寿命和连续运行周期有何要求?

① 所有压缩机、整体组装的空压机和润滑油、密封油系统，最少有20年的寿命和至少3年的连续运行周期。

② 挠性元件联轴器设计的连续使用寿命至少达到5年；齿式联轴器、阻尼式联轴器、弹性联轴器连续使用寿命至少达3年。

③ 汽轮机设计寿命至少为20年，至少不间断运行5年。

6. API标准对压缩机性能的基本要求是什么?

① 没有负偏差。

② 压头-流量特性曲线应由额定点至预期喘振点连续地上升。

③ 在无旁路的情况下，压缩机应适合于在任何流量下，至少在约大于喘振点流量10%的范围连续运行。

7. API标准对轴的要求是什么?

① 轴为锻件和热轧合金钢，全部为机械加工表面，表面粗糙度为$R_a0.8$，装轴承处应更低一些。

② 装径向振动探头的部位不能电镀、镶套、焊接。表面粗糙度为 R_a0.4～0.8，通过珩磨或砂纸打磨得到。该区域还应该退磁或其他处理，达到电跳值或机械跳动值不超过最大允许峰－峰值的25%，或者对装径向振动探头区域不超过6μm；两者之中取大值；对装轴向位移探头区域，不超过13μm。

③ 装轴承处不允许镀铬。

8. API标准对叶轮要求是什么？

① 整装齿轮空气压缩机的叶轮应该选不锈钢材质。

② 叶轮可以是由轮盘和叶片组成的开式的、半开式的和闭式的。

③ 可以采用焊接、铆接、铣削、铸造等方法加工。经购买方同意，也可以采用蚀刻和锡焊法加工。

④ 经购买方同意，铸件和锻件叶轮零件也可以采用焊接和铆接加工。

⑤ 技术协议中对叶轮形式和与轴的结合方式应予以明确。

9. API标准对齿轮要求是什么？

① 最低加工精度为AGMA13级。

② 电机驱动时齿轮载荷系数最小为1.4，透平驱动时为1.6。

③ 大、小齿轮的硬度值根据AGMA要求，分别为275HB、320HB，或者均取大值也可。

④ 齿轮额定功率的计算值与齿轮表面寿命和屈服强度有关，应写在技术协议中。

⑤ 小齿轮与轴要一体锻造，大齿轮与轴可一体，也可分开制造再装配一起。

10. API标准对压缩机壳体的要求是什么?

壳体厚度应能满足最大允许工作压力和试验压力，并且有3.175mm的腐蚀余量。下列情况下必须为钢质壳体：

① 空气和非可燃性气体最大允许工作压力超过2760kPa(表)时。

② 空气和非可燃性气体在操作区任意点以最大连续速度运转，其计算的出口温度超过260℃时。

③ 介质为可燃或有毒气体。

除此之外可以用铸铁壳体。当氢分压超过1380kPa(表)时壳体应采用径向剖分型。

11. API标准中，密封、密封系统的作用和基本要求是什么?

① 防止压缩机壳体内的气体泄漏到大气中，防止油或密封液进入机体而污染介质，防止大气进入齿轮和壳体中带进灰尘和水分。正常情况下要求如此，开停工和工艺调整期间要求也是如此。

② 密封可以使用各种有效的密封形式，也可以选用几种密封的组合。密封件的材料要适合使用条件。

③ 密封系统必须做到不停机更换附件，要适应机组操作和备用的各种工况。备用工况要由购买方和销售方共同商定。

④ 密封油或密封液可以与润滑油分开，也可以一起，但要考虑机组带压停车和密封液系统故障情况下的密封，这需要选用合适的专用设施。

⑤ 密封系统也可以在多种密封类型上引入干气而不是液体。

⑥ 密封液可以是泵送的，也可以是高位油箱式的，要形成一定的压差。泄漏到机组内的密封液要有专用管线排出。

⑦ 一般情况下，密封设计要有隔离缓冲气注人各组密封之间。如有，购买方应提出注入气的成分和要求。

12. API 标准对转子动力系统的一般要求是什么？

① 销售方必须确定主机和驱动机的临界速度，确保额定速度避开临界速度。

② 销售方应分解计算出标准临界速度值，并提供以前同机型试验证明。有要求时，还应提供从 0 到跳闸转速有阻尼不平衡响应分析，确保振幅不超标。

③ 扭矩分解。

④ 无阻尼扭振自然频率应至少高于或低于可能激振频率的 10%。在两倍或多倍运转速度下的扭矩临界速度也应该避免出现，因为在系统中相应的刺激也会发生。除非证明没有明显的影响，另外在多转速系统的情况下，不是只一项运行速度。不同步等因素都应在扭振分析中考虑到，并且要证明对扭振没有明显的影响才行。当计算出扭振在共振区时(小于 10%)需要做应力分析，证明对全轴系没有影响，双方同意并制定规定才行。

13. API 标准对动平衡要求是什么？

压缩机、联轴器、汽轮机等主要旋转部件应做动平衡，多级零件在安装中要进行多次动平衡，每个主要零件安装完后都要做。平衡校正只在新增加的零件上进行，叶轮上禁止焊接平衡块。最终动平衡后允许残存的不平衡量(在各轴承处)：

$$U_{max} = 6350W/n \qquad n \leqslant 25000\text{r/min}$$

$$U_{max} = 6350W/25000 \quad n \geqslant 25000\text{r/min}(\text{基于 } 0.25\mu\text{m 偏心度})$$

式中 U——g.mm；

W——kg；

n——rpm。

14. API 标准对振动要求是什么?

压缩机和汽轮机做完动平衡后的转子，在出厂试验期间，在任何平面上，未滤波的振幅峰-峰值在临近径向轴承处测量，不超过 50μm 或按下式计算，二者中取小值。

$$A = 25.4\sqrt{\frac{12000}{N}} \quad \mu m$$

在包括跳闸转速在内的任何速度下，振动值不能超过额定速度下最大值的 150%，如果供货方能证明电跳动和机械跳动是真实的，可以在出厂试验中测量到的振动信号中，减去确定的跳动的向量值，但最大减除量不能超过上式公式计算值的 25%或 6μm，二者之中取大值。

15. API 标准对轴承的要求是什么?

① 径向轴承

结构：可以是圆柱状瓦，也可以是可倾瓦。瓦面要浇巴氏合金，要采用钢瓦架、剖分式的，要有防转销和轴向安全设施。

功能：消除油膜波动、对转子有阻尼作用，降低加、卸载过程和过临界时的振动值。并将转子受力传递到轴承箱上。

② 推力轴承

如果两个或两个以上转子轴向力作用在一个推力瓦上，设计时若为同向，总受力为两个力的数字和；若为反向，则取其中最大的力。

推力盘表面粗糙度为 $R_a0.4$，轴向总的跳动值不超过 12μm。

推力轴承选用时，其承载能力不能超过轴承极限载荷的 50%。

注：极限载荷是下列值中的最小值

① 最小允许油膜厚度下的载荷。

② 蠕变限制时的载荷。

③ 最大温度下巴氏合金达到屈服强度时的载荷。

16. API标准对联轴器有何要求？

① 有要求时，遵照API671的有关制造和要求。

② 由购买方和销售方共同确定其类型、制造和安装布置情况。

③ 一般情况下，压缩机销售方负责安装整机组所有机器之间的联结，负责与轴联结的轮毂的加工、安装和与驱动机轮毂配合。

④ 联轴器要有足够的空间，以便拆卸转子和对轮。可拆卸的护罩要有一定的刚度和强度，确保不与联轴器和轴头接触，并防止油从轴承室流出。

⑤ 与安装水平刨分轴承电机连接的联轴器端部浮动量有限制，以防止电机转子和定子部件相磨。

电机最小允许摆动量/mm	最大允许联轴器端部摆动量/mm
6	2
13	5

⑥ 对于弹性元件联轴器，操作条件下轴端热膨胀量由弹性元件的变形来吸收，轴端由制造商留有间隙，联轴器的弹性元件应该是不锈钢或涂敷防腐层的材料。

⑦ 有要求时，驱动端半联轴器安装有可脱开的离合器，允许驱动机单独运转。

⑧ 联轴器轴头应该有一定的锥度，以便于拆除。

⑨ 联轴器实际最大操作扭矩限制在制造商允许值的

80%以内。

⑩ 购买方特别提出时，联轴器与轴的连接接头、保护装置都应符合 API671 的要求 .。

⑪ 齿形联轴器对推力瓦产生的外部轴向力，按其切向力的 1/4 计算。

⑫ 弹性联轴器的轴向推力，以不超过联轴器的最大允许变形为准。

17. API671 规范内的联轴器包括哪些类型?

包括：石油化工和天然气工业用特种齿式联轴器、挠性元件联轴器、套管式联轴器和部分水平使用的扭矩阻尼、扭矩调节联轴器。其它如离合式、液压式、涡流式及普通用途的联轴器不包括在内。

18. 联轴器使用系数是如何确定的?

按照 API671 规定，一般情况下：齿式联轴器系数取 1.75。挠性元件联轴器系数取 1.5。弹性联轴器系数取 1.75。套管轴联轴器系数取 1.5。

19. API 标准中，联轴器设计的其他要求是什么?

一般情况下:

① 与轴的结合有 1.5 倍的系数。

② 挠性元件联轴器制造的最大允许角偏差为(1/5°)，最大轴向允许偏差为最大轴径的 1/100。

③ 驱动器及其特性已很好了解的情况下，使用系数最小可以取 1.2。

④ 联轴器及其接头最少承受 115%的最大瞬间传递扭矩而不损坏。

⑤ 根据 AGMA9003 公式确定是采用液压式还是键联结。但不论哪种配合，均有以下要求：(a) 轴和轮毂摩擦系数取

0.15；(b) 轮毂配合长度不包括"O"形圈和轴或轮毂分布槽的长度。

20. API 标准中，联轴器的安全疲劳系数如何确定？

根据 API671，用古德曼图(Modified Goodman Diagram)计算，安全系数取 1.25。

用恒定寿命曲线(Constant Life Curves)计算，安全系数取 1.35。

不用任何方法，只按材料强度考虑，可用 ASTM 、SAE、MIL－HDBK－5 的有关数据或其它试验数据。

当联轴器在额定速度下达到峰值扭矩时，最小的安全系数取其材料屈服强度的 1.15 倍。

21. API 标准中，对联轴器短节的要求是什么？

所有联轴器都要选用带有中间短节型的。其长度以拆除轮毂、轴承和气封时不移动设备为准。规定最小长度为 460mm。

22. API 标准中，对可拆卸的轮毂与轴的配合要求是什么？

通过过盈配合，使可拆卸轮毂联轴器的安全性得到保证。过盈量由购买方确定，但要销售方同意。下列是本标准推荐的轴和轮毂配合的过盈量：

① 带键的直孔过盈量为轴径的 5/10000～7.5/10000 倍。

② 带键的锥孔过盈量至少为轴径的 1/1000 倍。

③ 液压配合的过盈量应至少为直径的 1.5/1000 倍。

另外，对配合的接触面积要求为：锥孔、无键液压装配的接触面积最少达到 85%；有键锥孔装配的接触面积最少达到 70%。

23. API 标准中，对联轴器轮毂孔有何加工要求？

① 轮毂孔的表面粗糙度要求如下：有键直孔的配合：

$R_a3.2$；有键锥孔的配合：$R_a1.6$；无键的配合：$R_a0.8$。

② 轮毂孔的径向跳动：在开键槽前，不论是直孔还是锥孔，孔径小于等于102mm的，不超过5.1μm。

孔径大于102mm的，不超过12.7μm。

24. API标准中，联轴器锥孔装配的锥度要求是什么？

① 无键的液压装配，锥度为1：24。

② 非液压配合的装配，锥度为1：16。

25. API标准中，对齿式联轴器的主要要求是什么？

① 必须是双向啮合的。

② 购买方确定外齿在轮毂上还是在短节上。

③ 一般情况下，允许轴向补偿量为6mm。

④ 设计要保证所有零件对中心线的定位，啮合点应该在内齿根和外齿根的中间。

⑤ 外齿在径向要有足够的间隙和倒角，以提供充分的不对中补偿和承担扭矩。齿隙的最小量要与销售方的最大允许不对中量相称。

⑥ 齿面硬度至少为Rc45。

⑦ 设计成连续润滑方式。

26. API标准中，金属挠性元件联轴器的要求是什么？

① 一般情况下，挠性元件为金属的。

② 对工厂已装配好的碟片式弹性元件，只拆短节，不用拆碟片。

③ 如果联轴器运行时外部有罩子，购买方要求销售方提供有关的检查细节。由联轴器的销售方决定是否需要冷却，如需要，则推荐要采用的冷却系统。

④ 如在联轴器一端或两端使用锥孔或整体轮毂，销售方要提供短节的调整垫，以调整短节的间隙。对小于102mm

轴径的联轴器来说，调节量为 1.6mm，总调节量为 3.2mm；对大于 102mm 轴径的联轴器来说，调节量为 3.2mm，总调节量为 6.4mm。

⑤ 一般情况下，金属挠性元件联轴器即使在挠性元件完全失效或即使一边已褶皱的情况下，短节仍应保持在原位。

27. API 标准对轴承油温的要求是什么？

最苛刻条件下温升不超过 30℃。轴承出口油温不超过 80℃，人口温度超过 50℃时应有特殊设计。

28. API 标准对润滑的要求是什么？

① 一般情况下，润滑油为碳氢化合物油。

② 润滑油压要保证油能达到机组轴承、齿轮啮合面喷嘴和电机轴承(必要时)。当一套油站供应两个或两个以上的润滑部位时，油的特性必须由购买方在数据表中填写，并与销售方意见一致。

③ 油泵要有可靠的备用泵，泵带有入口过滤器、油冷器、低油压停车开关和其它必要的仪表。

④ 油系统承压元件必须是钢制的。

⑤ 备用泵电机驱动并能自启动。每台泵的流量最少要达到溢流阀设定压力下要求油流量的 120%。轴功率为压力最高、粘度最大、温度最低情况下的(协议中确定)，电机功率应高于此功率。

⑥ 溢流阀压力不大于最大允许工作压力，也不低于 110%的额定压力，或者为额定压力加 1.7×10^5Pa，两者取大值。

29. API 标准对油冷器要求是什么？

一般情况下：

① 可抽芯的管壳式换热器。

② 大于 0.45m^2 的换热面积。

③ 管子外径不小于 15mm，管壁厚度不小于 1.25mm。

④ 管子为钝化海军铜。

⑤ 油侧压力高于水侧压力，防止管子泄漏后水漏进油中。

⑥ 油冷器不能安装在油箱内部。

30. API 标准对冷却器有何设计规定？

项　　目	规　定	项　　目	规　定
热交换器表面速度	1.5～2.5m/s	最高出口温度	49℃
最大允许工作压力	≥520kPa(表)	最大温升	17℃
试验压力	≥790kPa(表)	最小温升	11℃
最大压降	100kPa	水侧污垢系数	0.35m^2/kw
最高入口温度	32℃	壳体腐蚀裕度	3.2mm

31. API 标准对润滑油过滤器的要求是什么？

① 油过滤器精度达 10um 以上。

② 重量 15kg 以上的盖子要有吊耳。

③ 过滤器不设安全阀和自动旁路。

④ 金属网和烧结金属不能使用，禁止使用折叠式虑芯。

⑤ 油流向应从外部向中间流动。

⑥ 新虑芯压力降不能大于允许压力降的 15% 或 3.4×10^4Pa。框架最少能承受 5×10^5Pa 压力不塌垮。

32. API 标准中，油过滤器精度 10μm 的含义是什么？

10μm 是指在最大压力降下和正常寿命内，直径 10μm 球形颗粒的不通过率达到 90%。

33. API 标准对润滑油加热器功率的选择原则是什么？

选用原则是在最低环境温度下、12h 内将整箱油加热到开机温度。

34. API标准对油箱的要求是什么？

① 材料为奥氏体不锈钢。

② 容量要保证停车时不溢出，也要保证有足够的时间供颗粒杂质沉淀和水汽凝结。泵正常流量下至少可抽3min才能到油位的下限。

③ 底版向排污口倾斜。

④ 足够大的人孔便于清理油箱。

⑤ 应有足够大的排气口，供密封失效后进入油系统的气体排出。设计时按正常气封间隙的两倍泄漏量计算。

35. API标准对润滑油管的要求是什么？

① 管线、管子和配件应为不锈钢材料。

② 回油管线尺寸大小应确保在油流速度0.3m/s时油位不超过管径的一半，确保流畅。水平管线按流向有一定的倾斜，倾斜度至少为40mm/m。各回油支线到集合管进口以与水平方向45°的夹角进入。

③ 油滤芯后的下游管线不要有阻塞和盲头，以免沉积赃物。

④ 下游管线应采取对焊方式，回油线、滤芯及上游管线可以采取承插焊，仪表管线可用螺纹连接方式。

⑤ 调节阀的泄放口应返回油箱，特殊情况下，与安全开关相连的油路监测仪表应浸在油中。

⑥ 对焊焊口底部应采用惰性钨极气弧保护焊，过滤器通流部分既可用钨极惰性气体保焊，也可以采取保护式电焊。

⑦ 所有管线零部件都必须是钢制的。

36. API标准对材料的一般要求是什么?

① 主要零件的材料应写进技术协议中。包括在ASTM、ANSI、ASME、SAE等标准中的注明即可，不在标准内的要在协议中标明物理性能、化学成分和试验要求。

② 材料的试验和检验工艺要写进技术协议中，尤其是关键零部件。购买方也可提出特殊的和附加的检验内容。

③ 辅助小零件要有与主要零件一样的抗腐蚀能力。

④ 如堆焊、表面硬化、电镀等易于晶间腐蚀的材料，由低碳钢和奥氏体不锈钢制成。

⑤ ANSI 300系列不锈钢之间的配合面要有润滑和防黏结措施。

⑥ 电位势相差较大的两种金属材料相接触，易形成电化学反应，导致严重的腐蚀，应慎用。

37. API标准对于接触H_2S介质的材料有何要求?

① 暴露于湿H_2S的材料应符合NACE MRO 175－93的规定。

② 对于NACE MRO 175－93未包括在内的黑色金属，应限制其屈服强度不超过620MPa，硬度不超过RC22。

③ 如果需要，焊接组装的部件应消除应力，以满足焊接金属和热影响区对屈服强度和硬度的要求。

④ 对于氢分压大于689kPa或在任何压力下氢气浓度大于90%(mol)时，叶轮不能使用屈服强度超过827MPa或硬度大于R C34的材料。

38. API标准中，为何低温环境下禁止使用ASTM515钢?

因为低碳钢缺口敏感，并且在环境温度和低温下易脆，因此只有充分脱氧，正规化的细晶组织钢才能使用。

39. API标准对使用低温材料如何规定?

使用温度低于-30℃,应使用低温螺栓材料。低于-30℃以下使用的压力容器钢，应进行金属本体和焊缝冲击缺口试验，冲击缺口试验结果应满足ASME UG-84的要求。应用在-30℃和40℃之间的碳钢和低合金钢也应进行冲击试验，但厚度小于25mm的可以不做。一般情况下，最低使用环境温度作为冲击韧性试验的温度。

40. API标准对壳体缺陷修复有何规定?

① 熟铁壳体不能用焊接、锤击、烧结等方法修复。

② 灰铸铁可以使用塞子修复。

③ 机加工后不允许焊接修复。

41. API标准对壳体焊缝有何检验要求?

焊缝检验最起码为：对磁性材料，进行磁粉检验。对非磁性材料，进行液体渗漏检验。任何转动零件、板的边缘和焊接热影响区进行磁粉探伤。承压部位法兰焊接部位应穿透性探伤。

42. API标准对焊接缺陷处理有何要求?

一般情况下，修理方案应事先交购买方，包括修理范围、位置、大小、焊接工艺、修理准备前和准备后但尚未修理的照片。如果照片不能清楚地反映缺陷，应画一张能清楚反映受影响零部件的草图或图纸。

下列情况的缺陷应修理：①泄漏。②坑的深度大于20%的壁厚或25mm，两种之中取小值。③缺陷的表面积大于65mm^2。④修理坑穿透厚度断面。

43. API标准对热处理和焊接材料有何要求?

要求极性焊接热处理的材料制成的壳体，不论厚度如何都应进行热处理。除了Cr-Mo合金钢可代替12%Cr钢外，与 Cr－Mo 合金钢或 12%Cr 钢焊接的管子必须是同种钢号。

44. API 标准对驱动器的要求是什么？

① 驱动器选型要根据购买方确定的操作条件进行，启动条件和启动方式由购买方和销售方共同确定。

② 电机铭牌功率至少要达到所有特殊条件下需要的110%额定功率，蒸汽透平的功率应达到连续运行状态下最大功率需求的 110%。此功率为电机或蒸汽透平在压缩机入口无节流、最低使用温度下所需要的功率。

③ 电机启动条件应满足电压降的要求，并在双方同意的时间内达到全速。大多数情况下启动电压降到 80%正常电压。达到全速的时间通常低于 15s。

④ 一般情况下，电机符合 API541 或 API546 标准。蒸汽透平遵守 API611 规定。

⑤ 透平调速器可以是液压的，也可以是电子的，由购买方确定。

45. API 标准对联合底板有何要求？

① 支腿和结合面应机加工，允许在传动系统内所有零件下加垫铁。底版平面度为 0.05mm/m。

② 底板灌浆口直径不小于 50mm。地脚螺栓周围有 3 倍孔径的平面空间。

③ 垫片为不锈钢的，厚度 3～6mm。特殊情况下，底板与地面可以不连续接触，但必须经销售方和购买方协商一致。

④ 驱动机大于 250kg 的，应安装轴向顶丝，其规格与垂直顶丝一样。

⑤ 所有与砂浆接触的地方，必须喷砂除锈，并涂敷锌、硅等无机物。

46. API标准对控制和仪表的一般要求是什么？

① 一般情况下提供基于控制的微分处理器和适合室外安装的仪表系统。有要求时，该微分处理器应能与购买方的DCS系统通讯。

② 所有线路都应有保护管，该保护管能拆除。水平剖分壳体和可拆卸容器封头前不应设置不可拆卸的接头。

③ 对整装齿轮空气压缩机而言，当出口压力要求稳定、但环境剧烈波动的条件下，或系统空气要求相对稳定的条件下，要进行流量调节(人口导叶或节流阀)。

④ 同样对整装齿轮空气压缩机而言，既要求系统风量大的变化，又要求压力稳定的操作不是必须做到的。

⑤ 自动双指针流量控制调节，加上间歇性控制模式，适合小风量控制的要求。

47. API标准对质量流量控制有何要求？

① 多于一个控制模式时，任何模式的改变都必须由选择开关来实现。如果两台压缩机并联运行，计划中的控制系统将包括所有必要的控制，以允许两台压缩机在同一模式或各自模式下运行。

② 必须安装压缩机喘振识别和保护系统。

③ 自动驱动器超负荷控制系统，应包括最低大气温度下和水温下，可以连续运行，且不超过铭牌功率。

④ 手动超级控制系统，提供允许手动入口导叶装置和出口放空阀。系统应提供良好的从人工到自动转换。

⑤ 为了降低电动机驱动启动负荷，制造商应提供自动卸载程序。主要通过关小入口导叶和打开出口放空阀来完成(或许需要一个外部压缩空气或氮气)。

⑥ 控制系统应提供软停车方式，除了紧急停车系统以

外，在该方式下入口阀关闭，卸荷阀较早地打开，卸除驱动器上的负荷。

⑦ 控制系统对停车后没有达到冷却周期的热启动，提出警告。

⑧ 控制系统有一定的容量，当喘振或其它有问题操作迹象出现时，自动地记录下报警或提出前的数据。

48. API 标准对仪表和控制盘有何要求?

仪表盘和控制盘能实现开机和停车过程。包括：

① 控制模式选择开关。

② 人工强制控制和调节按钮。

③ 数字显示温度和压力。

④ 历史趋势显示。

⑤ 报警和停车控制设施。

⑥ 报警指示和复位按钮。

⑦ 控制盘上启动和停车。

⑧ 振动测量和显示。

⑨ 微处理器和所有仪表功能自动诊断。

⑩ 压缩机操作时间累积记录和总启动次数记录。

⑪ 油系统充分冷却后，自动切除辅助油泵。

⑫ 控制盘有充分的密封性，在黑暗中和强光下都可以看到。

49. API 标准要求的机器保护系统由哪些部分组成?

机器保护系统由两大部分组成，即采集变送系统和监视系统。

采集变送系统由信号采集，必要的信号状态器和信号传输电缆、端子板组成。

监视系统由信号处理、报警、停车、逻辑处理、动力供给、显示、输入输出、保护传输等部件组成。

50. API标准要求的机器保护系统的功能主要有哪些?

常用的功能有:

① 通过前置探头，完成轴径向振动、轴向位移和壳体振动等监测和信号处理。

② 通过热阻和热偶，完成各测点的温度监测及信号处理。

③ 通过电磁式速度传感器，完成机械转动件的速度信号的采集、传输和处理。

51. API标准要求的机器保护系统常规的硬件包括哪些?

① 监测径向振动，轴向位移，相位、速度监测和活塞杆下沉的探头和变送器。

② 安装在壳体上的加速度传感器。

③ 温度传感器。

④ 监视系统。

⑤ 电缆和保护管。

⑥ 接地。

⑦ 现场安装仪表。

52. API标准要求的机器保护监视系统对动力要求是什么?

一般要求监视系统动力电压为90~132V或180~264V交流两种，频率为50~60Hz，但有殊要求时也可以用以下电源:

① 19~32V直流。

② 14~70V直流。

③ 90~140V直流。

53. API标准要求的机器保护系统信号电缆和动力电缆之间的最小距离是多少?

信号和动力电缆的最小距离与电压有关，具体要求如下表:

电压/V	最小距离/mm
120	300
240	450
480	600

54. API标准对机器保护系统信号电缆的长度和接头有何要求?

① 不超过150m，再长要经机器保护系统销售方审查并同意方可。

② 只能用整根电缆，如果不整根，要由用户同意，且接头处要做好屏蔽处理。

55. API标准对电子超速探测系统的要求是什么?

① 有3个独立的速度采集系统，执行"3取2"逻辑。

② 一般情况下，系统应监测到超速事件，应在输入信号频率300Hz时40ms内发出信号。但停车系统响应时间还要考虑系统的动力学特性。动力学特性在ASME PT202－1965第七节中概括。

③ 系统监测到一个单一的信号，只引起一次报警，要求手动复位。

④ 监测到2个超速信号，应引起停车，也要求手动复位。

⑤ 速度传感器、电源和逻辑设施之中如只出现一种故障，只引起一次报警。

⑥ 速度传感器、电源和逻辑设施之中如2种出现故障，应立即停车，要求手动复位。

⑦ 各自独立的超速保护的所有设定范围都是可调的，且受控制系统的保护。

⑧ 每个超速回路都能接受从频率发生器来的输入信号，

以验证跳闸速度设置的正确性。

⑨ 每个超速回路都只一个只读速度的输出值。

⑩ 用于电子超速监测系统速度的传感器，不能与其它任何系统共享信号。

⑪ 具有控制信号复位功能的一个峰值信号应能保持一段时间，记下从上次复位以来的最大值。

⑫ 在线试验功能只有通过控制系统来激活。

⑬ 系统电源供给应该是冗余的。

⑭ 电子超速监测系统应能接受来自磁性速度探头或者前置探头传来的信息。一般情况下，输入信号应能与老式的磁性速度探头兼容。

56. API 标准规定什么情况下采用壳体振动监测？有何要求？

一般情况下，采用油膜轴承的机器使用轴位移探头比较好，对安装滚动轴承的电机、风机、泵、齿轮箱等机器上采用壳体振动探头。

壳体振动监测传感器有速度和加速度两种，加速度信号只用于监测，不能用于保护；如有保护要求时，推荐使用速度信号。

壳体振动监测通道应固定两个频率范围可调的过滤器，一个供高频通过，一个允许低频通过。

一般情况下监测要求为：

① 齿轮箱用单一的加速度传感器监测。频率范围 1000~10000Hz，加速度值范围为 0~500m/s^2。

② 如用速度传感器时，频率范围 10~1000Hz，速度值范围为 0~20m/s。

③ 泵、风机、电机壳体用速度传感器，频率范围 10~

1000Hz，速度值范围为0～25mm/s。

④ 如用加速度传感器时，频率范围为10～5000Hz，加速度值为0～100m/s^2。

⑤ 不论加速度还是速度监测，对于转速为300～750rpm的机器，监测频率范围取5～1000Hz。

57. API标准对机器轴径向振动监测系统的要求是什么?

① 径向轴振动监测全范围为0～125μm。有要求时可选0～250μm范围的。

② 径向轴振动监测的回路故障，设定在低于变送器线性范围上限125μm、高于其线性范围下限125μm。但最小的绝对间隙设置为250μm。

③ 径向轴振动应使用一对来自各个轴承上的两个变送器监测。

④ 径向振动停车系统设置成范围可调的，使一个或两个采集到的信号可以引发停车信号输出。本标准推荐使用"2取2"逻辑表决。

⑤ 用算术方法对监测到的振动值减去转子机械或电子跳动值是不允许的。

58. API标准对轴位移监测系统的要求是什么?

① 轴位移监测系统的满量程为-1mm～+1mm。

② 轴位移回路故障系统设定在变速器线性范围的两端，但绝对间隙不能小于250μm。

③ 轴位移监测应用一对通道，监测系统能够显示从0为起点的两个通道的偏差，该两个通道可用共用一个报警和停车设定点，但有各自的调节机构。

④ 轴位移停车系统设置为可调的，便于设置成一个或两个变速器都达到停车点才能激发一个停车信号。本标准推

荐使用“2取2”逻辑表决方式。

⑤ 各个轴位移监视通道设置为范围可调的，为了选择随着间隙值的增大指示方式上升还是下降。本标准推荐使用上升方式。

59. API标准对温度计的要求是什么?

① 温度计均为防腐蚀设计，表盘直径最少达125mm，并且是双金属的，内充液体，白底黑字。温敏元件内必须充满液体。

② 安装在压力淹没区域内的温度计，必须为300系列不锈钢材质，接头直径为NPS3/4，并且为可分离的杆状热偶。

60. API标准对压力表的要求是什么?

① 引管材质为316不锈钢，运动件也是不锈钢的。

② 表盘直径110mm。NPS1/2阳螺纹合金钢接头。白底黑字。特殊情况下表盘内充满液体以防震。

③ 正常的压力指示在表盘的中间。任何情况下，选用的压力表的量程要比安全阀设定值大10%以上。

④ 每个压力表都提供一个内部碟片或内部返回线，以释放超压的压力。

61. API标准中，振动和位移监测系统由哪几部分组成?

① 单个径向轴振动非接触式探头。

② 一个振荡发生接收器。

③ 可读仪表。

62. 根据API670要求，有要求时应安装和校验哪些仪表部位?

① 要安装校验振动和轴向位移变送器。

② 要安装校验振动和轴向位移监测器。

③ 要安装校验轴承温度监测器。

63. API 标准对安全阀要求是什么?

① 安全阀专业标准代号为 API520。

② 安全阀阀体为钢制。特殊情况下，热安全阀应与隔离阀在一张图上作为配件供应。

64. API 标准对润滑油看窗有何要求?

① 安装在回油线的大气侧。一般情况下为钢制牛眼式。每个观测口安装有牛眼玻璃，且垂直布置。

② 看窗直径至少为一半的管线内径，且应能清楚地看到最小流量。

65. API 标准对报警和停车项目一般要求有哪些?

以 API672 为例，要求的报警和停车项目如下表。

条　件	报　警	停　车
振动高	×	×
末级空气温度高	×	×
润滑油压力低	×	×
供油温度高	×	×
油过滤器差压高	×	×
密封系统压力低	×	分开的指示灯
备用泵操作	×	
油箱液位低	×	
人口过滤器差压高	×	
驱动器振动高	×	×
表盘微正压风	×	×
喘振识别	×	
允许启动条件	分开的指示灯	

66. 对报警和停车系统的要求是什么?

① 报警设置在停车之前。

② 用程序逻辑区别停车设施和报警设施。

③ 如有停车故障信号，故障消除前不允许压缩机操作。

④ 报警设施只发出信号，但允许机组继续运行。

⑤ 当报警被确认后，报警声应消除，但报警灯在报警条件未被消除以前仍然亮着。信号器对新的报警仍能用声音或闪光灯来指示。

⑥ 当信号数据正常后，指示灯也自动地恢复正常。

⑦ 如果有多个报警或停车信号同时出现，必须逐个复位或确认，同时操作盘将返回到正常状况。

⑧ 控制系统对报警和停车记录保持较长的一段时间，控制器将长期储存所有的与报警和停车有关的参数。

⑨ 报警和停车值之间由制造商设置一定的间隔，该间隔值可以由系统工程师改变存储在不能擦除的记忆中，除非有用户设定的密码才能进入。

⑩ 报警和停车设施单独布置，使用密封的、单极、双离合开关，最小容量为 120V 5A 直流。水银开关不能使用。

67. API 标准对电气系统的要求是什么？

① 电气设备单独安置或与机组安置一起都得符合防爆等级的要求。

② 电气启动和控制器可以是直流的，也可以是交流的。

③ 安装在联合底板上的电器必须是抗油、抗热、抗水和耐磨的。

④ 一般情况下，接线盒内的所有端子板至少有 20% 的接头余量。

⑤ 触电零件之间留有充足的空间。所有触电零件都应封闭。

⑥ 如果测温元件的盖子暴露在 60°以上的环境中，将用

青铜软管保护。

68. API 标准对配管有何要求?

① 每一个管系都要求在设备的边缘终止，接头用单法兰或双法兰。但仪表线不必使用法兰，只用内螺纹管连接机组外边和机组各管线即可。

且在该区域管线尽量使用弯管和焊接，减少法兰数量和密封面。

② 除了三通和大小头外，焊接只允许使用在拥挤区域的管线布置。

③ 管螺纹根据 ASME B16.5 标准，应该是锥形的。相应地，根据 ISO228 part.1，只要当地标准允许的管螺纹形式都是可以的。

④ 法兰用 ASME B16.5 标准，承插焊要求管端距法兰底至少有 1.5mm 的间隙。

⑤ 油系统的螺纹连接应加上密封焊，但对铸铁件、仪表上和维修要拆卸的不能焊。

⑥ NPS1 ½、2 ½、3 ½、9 管件、接头、阀门不要选用。

69. API 标准对仪表和控制风用管子最低要求是什么?

管　线	ASME A312TYPE304 或 316
管　子	ASME A269TYPE304 或 316
阀	制造商的标准和仪表阀，不锈钢电镀碳钢
管接头	ASME A182 F304 锻钢 300SW.FE ASME A403 WP304 精练对接焊
管子接头	不锈钢(制造商标准)经购买方认可也行
法　兰	不锈钢

70. API标准对冷却水管线材料的最低要求是什么？

管　线	ASTM A120电镀管
管　子	ASTM A192碳钢或ASTM A269不锈钢管
阀	200#或青铜TE
管接头	Class 150 ASTM A338电镀塑性铁
管子接头	制造商标准经购买方同意
法　兰	碳钢

71. API标准对油管材料最低要求是什么？

管　线	ASME A312 TYPE304或316不锈钢
管　子	ASME A269TYPE304或316不锈钢
阀	150#法兰、800#SW TE碳钢
管接头	ASME A182 F304锻钢300SW.FE ASME A403 WP304精练对接焊
管子接头	不锈钢(制造商标准经购买方认可也行)
法　兰	不锈钢配套 或不锈钢对焊或配套

72. API标准对法兰和阀门要求是什么？

① 与机器壳体铸铁法兰配对的钢法兰应该是平面法兰。

② 阀门应满足API 600、602、606的要求，截止阀和闸阀的压盖、阀盖应用螺栓连接。超过NPS2的阀门应该用法兰连接。

③ 除非购买方同意，碟阀不要使用。切断阀要用13cr不锈钢。

④ 管线上法兰垫片应使用非石棉类的平垫，配对材质为AISI 300压力配合面。

⑤ 对于ANSI 600和更高的配对法兰非石棉垫的缠绕式

垫片，要使用一个额外的中心环。

⑥ 应采用ANSI标准304或316缠绕式垫片。

⑦ 混合式止回阀不能使用。

⑧ 垫片及法兰、阀门和其它零件不能含有石棉。

⑨ 在仪表和隔离阀之间装排气阀。

73. API 672标准对中冷器和后冷器要求是什么？

① 一般做成管壳式的，水走壳程。不允许使用U形管。

② 管束为移动管板式，管子外径不低于15mm，壁厚不小于1.25mm。

③ 一般情况下壳体、流道都是钢的，管板为黄铜，管子为钝化的海军铜。

④ 冷却器尺寸由负荷决定。

⑤ 一般情况下，中冷和后冷用结构钢件，做到不用拆卸管件和压缩机零件就可以拆卸冷却器。

⑥ 一般情况下采用空冷式中间冷却器时要有自动温控，该控制系统可由变速风扇、可变角风扇、旁路阀或这些办法的组合来实现。

74. API标准对空气过滤器有何要求？

必须要有以下内容：

① 差压开关和差压表。

② 首级过滤器为在线可更换式的。

③ 防尘罩和百叶窗。

④ 新的过滤器差压不超过50mmH_2O。

⑤ 在入口流量范围内，大于1μm的灰尘颗粒97%能被吹掉。

⑥ 人口管线为防腐材料。

⑦ 过滤器的安装位置允许比机组高。

75. 什么是API标准要求的“见证”?

见证就是在生产进度中留出一段时间，以便由购买方或其代表亲临现场，参加检查和试验。对运转和性能试验，要事先书面通知买方，已成功地进行了一次初步试验。

76. 什么是API标准要求的“照会”?

照会是购买方应看到试验和检验的进行过程，检验和试验将按计划进行。如果购买方或销售方未到，销售方有权进行下一个步骤。

77. API标准规定，销售方关于检验的义务有哪些?

① 销售商要向总销售商报告购买方的试验和检验要求。

② 提供特殊的检验仪器。

③ 保存购买方或其代表签字的检验数据，保存期限至少达20年。

④ 不合规范尺寸要求的，销售方在工程师认可后5天内报告购买方。

⑤ 至少在试验前6周，将日程安排交购买方审查和提意见。

⑥ 在试验的日期确定前，至少在5个工作日前通知购买方，如果试验日期有变，也要5个工作日前通知购买方。

78. API标准规定，要保存哪些检验数据达20年?

① 关键零件的材料证明。

② 要求必须满足的试验数据，如打压数据、材料性能试验数据或其它非强制性，但购买方有要求的试验数据。

③ 文件要求试验和检验的，包括所有热处理和无损检验记录。

④ 必要时，最终装配公差和运行范围。

79. API 标准规定，购买方的检验权利有哪些？

① 购买方的代表有权进入销售商或分销商与所购买设备有关的加工车间进行检查和检验。

② 购买方的代表可以进入供货方的质量检验系统。

③ 审查销售方机械试验工艺和确定可以选择的机械试验参数。

④ 确定对配套的控制系统、联轴器等附件的检验要求和检验方式。

80. API 标准规定的检验方式有哪几种？

一般情况下，用射线、超声波、磁粉或渗透方法检验焊缝和材料。

① 铸造叶轮应 100%超声检验，其引用标准为：

ASME E446	厚度 <50mm
ASME E 186	厚度为 50～100mm

ASME E 186 铸造质量评定。

叶轮应进行超速试验。

② 齿轮的啮合面应进行 100%磁粉探伤。不能有裂纹，夹渣的线长度不大于 1.5mm。

81. API 标准指的线长度缺陷概念是什么？

线长度缺陷是指测量的长度至少为其宽度的 3 倍的缺陷。

82. API 关于机械检验的内容是什么？

① 在组装期间和试验前，各个零件都应进行化学或类似方法的清洗，取除异物、铁皮和氧化皮。

② 油系统的清洁度都必须满足 API614 的要求。

③ 有必要时，在设备和所有管线安装以前，或容器接

头焊上以前，都要由购买方检查确认。

④ 有要求时，零件热影响区和焊缝的硬度要检验，要求试验值在标准内。

⑤ 转动零部件、静止气体通道部件的尺寸在图纸要求范围内。

83. API标准关于打压试验的要求是什么?

① 承压部件要进行液体打压试验，试验压力至少为一倍半的最大允许工作压力，但不得低于1.5kg/mm^2，试验温度要高于金属的临界转化温度。

② 打压试验依据ASME标准进行，在执行中可能存在ASME与本标准不一致之处，应取较高的压力。

③ 试验保压30min，如无可见泄漏，视为合格。对于较大的铸件，可能要求有更长的保压时间，具体情况由销售方和购买方双方协商确定。

④ 在奥氏体不锈钢材料的试压中，液体中氯离子含量不超过50ppm。为了防止水分蒸发干燥后沉积氯离子，所有残存的液体试压完后均要清除干净。

84. API标准关于叶轮超速试验的要求是什么?

① 每个叶轮均应进行115%额定速度的超速试验，试验时间不低于1min。

② 进行完后，每级叶轮都应进行磁粉或渗透检验。叶轮尺寸在超速前和超速后都应测量评定，任何超出图纸以外的塑性变形都应由购买方和销售方协商消除。

85. API标准关于机械和性能联合试验的要求是什么?

① 包括润滑系统、轴承系统、密封系统和振动监测系统在内的整机机械性能和操作性能试验，应该在额定操作速度下连续运行4h。

② 包括喘振、额定和最大流量在内的至少 5 个工作点参数应记录下来。

③ 不允许使用入口导叶进行节流。

④ 所有的润滑油压力、粘度、温度均应在供货商推荐值的范围内。只有在润滑油和轴承温度稳定情况下测得的参数才有效。

⑤ 在额定速度下，要进行不同步振幅值扫描，测量仪器的量程范围最小要达到额定频率的 2.5~8 倍。如果对测量到的振幅值有怀疑或者不同步振动值超出有关允许值的 20%，销售方和购买方应协商决定再试或发货。

86. API 标准关于机械和性能试验的条件是什么？

① 所有接头和密封部位都把紧，达到无泄漏。

② 所有油过滤器下游满足有关清洁度的要求。

③ 所有流量、压力、温度和振动的测量仪器的标定记录由购买方代表过目。如无过目，其标定记录放在试验记录中交购买方。

④ 所有报警、保护、控制设施在试验中都应得到检查和调整。

87. API 标准关于机械和性能试验达到什么条件认为合格？

① 试验在额定操作点下的消耗功率不超过额定操作点下功率的 104%。

② 从试验额定操作点到喘振的压升最少有 10%的余量。

③ 机械和驱动机的振动值在每一个性能点上都应满足有关要求。

④ 润滑油出入口温差不超过 30 度。轴承、密封和齿轮应检查，轴承上应无异常。

⑤ 如果由于整装齿轮式压缩机设计方面的原因导致拆

卸小齿轮以检查轴承和密封，将由购买方决定是检查轴承和其它应检查的项目，还是基于试验数据分析预测轴承和密封。

⑥ 齿轮密封面应渗透检验。

⑦ 未加修整的接触轮廓应达到轴向为齿长的70%、径向为齿高的30%以上。

88. API标准规定，在什么情况下要重新进行机械性能试验？

如果机械性能试验完后更换或修改轴承、密封或揭大盖，对其它零部件修改以校正机械状况和性能，前面进行的试验将无效，更换完后要重新进行机械和性能试验。

89. API标准规定了哪些选择性试验条款？

① 性能试验，根据ASME PTC10，由买卖双方在试验范围内协商。

② 导叶试验：对导叶设定开度进行试验，各个设定点应包含包括喘振、额定、最小流量在内的5个点。

③ 噪声试验：根据购买方的要求进行噪声试验。

④ 转子备件试验。

⑤ 整机试验。

⑥ 串级试验。

⑦ 氦气试验。

⑧ 辅助设备试验。

90. API标准关于发货前的主要准备工作有哪些？

除了试验完毕和购买方同意外，发货前还应准备下列内容：

① 除了机加工面以外，外表面都应刷一遍油漆，该油漆不能含铅或含铬。

② 除了抗腐蚀材料外，机加工表面应刷一层防锈剂。

③ 整机表面应清洁，除没有起皮、焊瘤和粘着物外，喷溅物和流入物可用合适的洗涤剂冲洗掉。防锈剂应在设备缓慢滚动中从开口处涂入。

④ 辅助的油系统碳钢件和轴承室碳钢件可用合适的油性防锈剂。

⑤ 露在外面的轴和联轴器应用防水材料、成型的蜡布或防水纸包裹，还应该用防油的胶带缠住。

⑥ 轴承配件应完全保护，防止水汽和灰尘进入，如果在较大的孔内放置干燥剂，干燥剂袋必须接触通道区域，也要便于取出，袋子必须用铁丝绑在法兰盖上。且应该用不锈钢丝系住抗腐蚀标签。

⑦ 法兰接口至少用 5mm 金属板保护盖，用弹性垫片和至少 4 个全尺寸的螺栓把紧，对沉头螺栓接口，所用螺栓打算长期使用的话要有安全防松要求，所有的接口必须完全密封，保护盖不破坏密封不能去掉。

⑧ 螺纹开口应用钢管堵头或圆形钢塞头，任何情况下不能使用非金属的堵头和塞子。

⑨ 为了焊接开的坡口，必须采取专门的防护措施，以防止外来金属材料进入损坏坡口。

⑩ 设备上或包装上的吊点和吊耳必须能清晰地识别，推荐使用的吊点位置必须在包装箱上明确标出。

⑪ 包装箱喷上识别条目和系列号。随机带来的配件必须有安全牢靠的识别标记，该标记既要抗腐蚀，也要标明所配用的设备系列号。

⑫ 随船附二份复印装箱单，一份在箱内，另一份在箱外。

⑬ 有随机转动配件时，要按在无尘的室内存储 3 年准备，该零件要防锈处理，装在不透气的袋子里，该袋缓慢地释放保护气，要装在木箱内送往国内或国外。

⑭ 辅助管件要有标记或永久性的标签，与销售方的连接件或总装配图相对应。

⑮ 由销售方提供一份随机的安装指导书的复印件。

参 考 文 献

1 西安交通大学透平压缩机教研室．离心式压缩机原理．北京:机械工业出版社,1980年

2 黄钟岳,化工透平式压缩机．大连理工大学出版社,1989年

3 方子严,石予丰．化工机器．湖北科学技术出版社,1986年

4 王志清．离心压缩机的调节与保护．北京:机械工业出版社,1983年

5 炼油厂设备检修手册编写组．炼油设备厂检修手册第Ⅱ篇．北京:石油工业出版社,1979年

6 机械工程手册、电机工程手册编辑委员会．机械工程手册．北京:机械工业出版社,1982年

7 沈阳鼓风机研究所．风机技术．1988年第(2);1991年(2)、(3);1992年(5)

8 中国石油和石化工程研究会．炼油设备工程师手册．北京:中国石化出版社,2003年